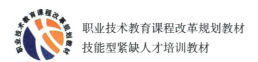

职业技术教育课程改革规划教材

技能型紧缺人才培训教材

激光加工技能实训

主　编　赵　莹　薛超峰

副主编　谭福华　刘晓杰

主　审　赵法钦

河北科学技术出版社

·石家庄·

图书在版编目（CIP）数据

激光加工技能实训 ／ 赵莹，薛超峰主编；谭福华，刘晓杰副主编． -- 石家庄 ： 河北科学技术出版社，2025. 3. -- ISBN 978-7-5717-2343-9

Ⅰ．TG665

中国国家版本馆 CIP 数据核字第 2025RM8200 号

激光加工技能实训
JIGUANG JIAGONG JINENG SHIXUN

赵　莹　薛超峰　主编
谭福华　刘晓杰　副主编

责任编辑	刘建鑫	
责任校对	李嘉腾	
美术编辑	张　帆	
封面设计	寒　露	
出版发行	河北科学技术出版社	
地　　址	石家庄市友谊北大街 330 号（邮编：050061）	
印　　刷	定州启航印刷有限公司	
开　　本	710mm×1000mm　1/16	
印　　张	9.75	
字　　数	145 千字	
版　　次	2025 年 3 月第 1 版	
印　　次	2025 年 3 月第 1 次印刷	
书　　号	ISBN 978-7-5717-2343-9	
定　　价	98.00 元	

前　言

　　随着科技的发展、时代的进步，激光已经从一个遥不可及的高科技产品慢慢步入人们的生活当中。激光的应用范围越来越广泛，涉及科技、医学、工业、通信等领域，包括激光打标、激光内雕、激光切割、激光焊接、激光测距、激光武器、激光美容、激光扫描、光纤通信等。

　　激光加工属于无接触加工，并且高能量激光束的能量及其移动速度均可调节，因此可以实现多种加工目的，可以对多种金属和非金属进行加工，特别是可以加工高硬度、高脆性及高熔点的材料。

　　激光行业属于朝阳行业，在未来十年内将继续蓬勃发展，良好的行业大环境造就了职业院校光电制造与应用、激光加工技术等专业的毕业生供不应求，许多激光企业上门预定毕业生的局面。光电制造与应用、激光加工技术等专业的学生毕业后主要从事激光行业中的加工设备的研发、调试、工艺设计、售后服务等工作，激光技术作为一种新的科学技术有着广阔的应用前景。

　　本书根据全国职业院校激光加工技术专业人才培养目标和教学特点，遵循"实用、够用"的原则编写而成，强调可操作性和实用性，注重培养学生的动手能力和解决实际问题的能力。

　　《激光加工技能实训》共三章，分别为激光打标技能实训、激光内雕技能实训和3D相机使用说明。

　　本书由赵莹、薛超峰主编，谭福华、刘晓杰为副主编，其中第一章由山东省巨野县职业中等专业学校赵莹编写；第二章由山东劳动职业技术学院薛超峰编写；第三章由山东省巨野县职业中等专业学校谭福华、刘晓杰编写。全书由山东省巨野县高级技工学校赵法钦审稿和定稿，参与编写工作的还有谭志勇、丁伟、郭可、张永良、王自法、丛树刚、单庆峰、逯光贝、车京达、程可宣、王丰、鲍金鼎、冯国锋、薛冰。

由于编者水平有限，书中难免有不妥或错误之处，敬请读者批评指正。

目　　录

第一章　激光打标技能实训

第一节　激光打标机简介

激光打标是利用高能量密度的激光对工件进行局部照射，使表层材料汽化或发生颜色变化，从而留下永久性标记的一种打标方法。激光打标可以打出各种文字、符号和图案等，其字符大小可以从毫米量级到微米量级，这对于产品的防伪有特殊的意义。

激光打标技术是较早出现的一种打标方式。近年来，随着振镜质量的提高和技术的改进，激光打标技术变得更加成熟，在多种激光打标机中，振镜式激光打标机占半数以上。国内外也出现了很多家专门研制激光打标用振镜部件的公司，如德国的施肯拉（Scanlab）公司，美国的Cambridge Technology Inc.，中国的上海通用扫描有限公司、深圳汉华科技股份有限公司和北京世纪桑尼科技有限公司，这些公司都专门研制生产激光打标用振镜头和其他相关部件。其中，德国施肯拉公司生产的振镜头品种最多。

一、激光标刻原理

激光几乎可对所有零件（如活塞、活塞环、气门、阀座、五金工具、卫生洁具、电子元器件等）标刻，且标记耐磨，生产工艺易实现自动化，被标记部件形变小。

TY-FM-20型激光打标实训系统采用振镜扫描方式进行标刻，即将激光束入射到两反射镜上，利用计算机控制扫描电机带动反射镜分别沿 X 轴和 Y 轴转动，激光束聚焦后落到被标记的工件上，从而形成激光标记痕迹。原理如图 1-1 所示。

图 1-1　TY-FM-20 型激光打标实训系统标刻原理

二、产品结构及主要技术指标

TY-FM-20型激光打标实训系统集激光器系统、激光电源、振镜扫描系统、计算机控制系统、指示系统、聚焦系统、输入 / 输出接口等于一体，其系统构成如图 1-2 所示。

图 1-2　TY-FM-20 型激光打标实训系统构成

　　该激光打标系统采用振镜扫描方式，速度快、精度高，可长时间工作，能在大多数金属材料及部分非金属材料上进行刻写或用于制作难以仿制的永久性防伪标记。

（一）激光器系统

　　激光器系统是整个产品的核心，它由两个部件构成，即光纤激光器和激光器电源，如图 1-3 所示。TY-FM-20 型激光打标实训系统采用的是 20 W 的光纤激光器。

图 1-3　激光器系统构成

（二）激光电源

系统采用新型激光电源，具有流量水压保护、断电保护、过压/过流保护等功能，其技术指标如表1-1所示。

表1-1　激光电源技术指标

项目	指标
激光功率	≥ 20 W
调制频率范围	20～ 100 kHz
供电电源	220 V 50 Hz单相交流电
最大用电功率	≤ 1 kW
效率	≥ 80%
过压保护	115%～ 135%
过流保护	110%～ 120%

（三）振镜扫描系统

振镜扫描系统由光学扫描器和伺服电机两部分组成，整个系统采用新技术、新材料、新工艺、新工作原理设计和制造。

光学扫描器与偏转工作方式为动磁式和动圈式的伺服电机连接，具有扫描角度大、峰值力矩大、负载惯量大、机电时间常数小、工作速度快、稳定可靠等优点。精密轴承消隙机构提供了超低轴向和径向跳动误差；先进的高稳定性精密位置检测传感技术使设备具备高线性度、高分辨率、高重复性和低漂移性。

光学扫描器分为X方向扫描系统和Y方向扫描系统，每个伺服电机轴上固定着激光反射镜片，由计算机发出的指令控制每个伺服电机的扫描轨迹。

（四）计算机控制系统

计算机控制系统是整个激光打标机系统控制和指挥的中心，也是打标软件安装的载体，它通过对振镜扫描系统等进行协调控制来完成对工件的标刻处理。

TY-FM-20 型激光打标实训系统的计算机控制系统主要包括机箱、主板、CPU、硬盘、内存条、专用标刻板卡、软盘驱动器、显示器、键盘、鼠标等。

（五）指示系统

指示光的波长为 630 nm，为可见红光。指示系统安装于激光器光具座的后端，其主要作用有两点：一是指示激光加工位置；二是为光路调整提供指示基准。

（六）聚焦系统

聚焦系统的作用是将平行的激光束聚焦于一点。聚焦系统主要采用 $f-0$ 透镜，不同的 $f-0$ 透镜的焦距不同，标刻效果和范围也不一样。TY-FM-20 型激光打标实训系统的标准配置的透镜焦距 $f=160$ mm，有效扫描范围为 110 mm×110 mm，我们可根据需要选配不同型号的透镜。

（七）输入／输出接口

TY-FM-20 型激光打标实训系统提供了一些配合生产线流程的基本输入／输出接口，以 10 芯航插的形式固定在设备电源柜后侧底部，信号的具体定义如下。

1 号脚：输出口 1 电子开关的＋端。

2 号脚：输出口 1 电子开关的－端。

3 号脚：输出口 0 电子开关的＋端。

4 号脚：输出口 0 电子开关的 − 端。

5 号脚：不接。

6 号脚：输入口 1 的 + 端（24 V 型）。

7 号脚：输入口 1 的 + 端（5 V 型）。

8 号脚：输入口 0 及 1 的 − 端。

9 号脚：输入口 0 的 + 端（5 V 型）。

10 号脚：输入口 0 的 + 端（24 V 型）。

以上信号如接法不当，可能会烧坏板卡。

三、激光打标机的特点

（一）标记永久耐磨

激光照射工件表面，局部产生高温，从而使材料本身汽化或在高温下被氧化而产生印记，除非材质本身被破坏，否则激光标记不会被磨损。

（二）无接触式加工

激光标记是激光束照射工件表面而留下的印记，无外力作用于材质表面，无刀具磨损。

（三）任意图形编辑

激光标记设备均采用计算机控制，可对任意图形、文字进行编辑输出，无须制版制模。

（四）高效率、低成本

激光束在计算机的控制下可以高速移动，通过分光技术，还可以实现多工位同时加工，提高效率。

（五）环保无污染

相对于传统的丝网印刷和化学腐蚀等标记方法，激光标刻无三废物质排放，因而工作环境清洁。

四、激光打标机的分类

（一）按激光器分

激光打标机按激光器可分为灯泵浦激光打标机、半导体激光打标机、二氧化碳激光打标机和光纤激光打标机四大类，如图 1-4 所示。

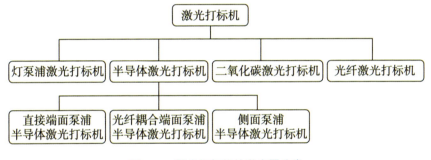

图 1-4　激光打标机按激光器分类

1.灯泵浦激光打标机

灯泵浦激光打标机部分结构如图 1-5 所示。

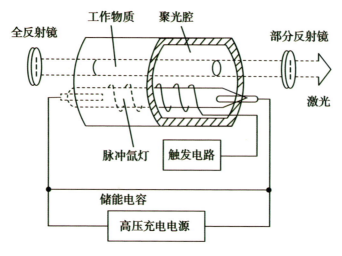

全反射镜　　工作物质　　聚光腔　　部分反射镜

激光

脉冲氙灯　触发电路

储能电容

高压充电电源

图 1-5　灯泵浦激光打标机部分结构

2.半导体激光打标机

半导体激光打标机中的半导体激光器采用 Nd：YAG 晶体棒作为激光介质。Nd：YAG 晶体将激光介质钕（Nd）原子掺在钇铝石榴石（YAG）中，Nd 在 YAG 中的含量为总质量的 1% 左右，该晶体的全称是掺钕钇铝石榴石晶体。Nd：YAG 晶体一般被制作成棒状。半导体激光器采用发光二极管为激励的泵浦源。泵浦所用的激光二极管或激光二极管阵列出射的泵浦光经会聚光学系统耦合到晶体棒上，由一个反射率为 100% 的反射镜作后镜，一个反射率为 90%（透过率为 10%）的反射镜作前镜，它们共同组成光学谐振腔，以实现光学谐振。半导体激光打标机的结构如图 1-6 所示。

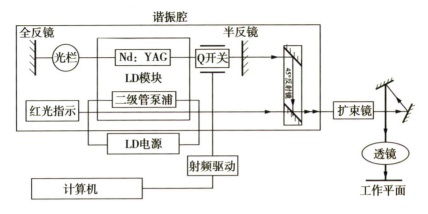

图 1-6　半导体激光打标机

3. 二氧化碳激光打标机

二氧化碳激光打标机中的激光器的工作物质为 CO_2、He、N_2、Xe 混合气体。激光由 CO_2 分子发射，其他气体协助改善激光器的工作条件，提高激光器输出功率水平和使用寿命。

4. 光纤激光打标机

光纤激光打标机中的光纤激光器是用掺稀土元素的玻璃光纤作为增益介质的激光器，光纤激光器可在光纤放大器的基础上开发出来，在泵浦光的作用下，光纤内极易形成高功率密度，使激光工作物质的激光能级粒子数反转，适当加入正反馈回路（构成谐振腔）后便可形成激光振荡输出，如图 1-7 所示。

图 1-7　光纤激光打标机

（二）按工作方式分

激光打标机按工作方式可分为连续型激光打标机和脉冲型激光打标机。

（三）按激光波长分

激光打标机按激光波长可分为红外光激光打标机、可见光激光打标机、紫外光激光打标机。

（四）按激光器扫描方式分

激光打标机按激光器扫描方式可分为光路静止型激光打标机和光路运动型激光打标机，典型的有振镜式激光打标机、工作台运动式激光打标机、X/Y轴激光运动式激光打标机。

第二节　EzCad 2.0 软件操作

一、软件简介

EzCad 2.0 软件流畅运行所需计算机硬件环境如下：

CPU主频 900 MHz

内存 256 M

显存 64 M

硬盘 20 G

EzCad 2.0 软件完全支持 Unicode，只能运行在 Microsoft Windows XP 和 VISTA 操作系统上。本节之后的全部说明均默认为 Microsoft Windows XP 操作系统。EzCad 2.0 软件安装非常简单，用户只需要把安装光盘中的

EzCad 2.0 目录直接拷贝到硬盘中，然后去除所有文件及文件夹的"只读"属性，双击目录下的 EzCad 2.0.exe 文件即可运行程序。

如果没有正确安装软件加密狗，软件启动时会提示用户"系统无法找到加密狗，将进入演示模式"。在演示模式下，用户只能对软件进行评估而无法进行加工和存储文件。

二、软件功能

EzCad 2.0 软件具有以下主要功能：可以自由设计所要加工的图形、图案；支持 TrueType 字体、单线字体（JSF）、SHX 字体、点阵字体（DMF）、一维条形码和二维条形码；具有灵活的变量文本处理功能，加工过程中可以实时改变文字，直接动态读写文本文件和 Excel 文件；可以通过串口和网口直接读取文本数据；具有自动分割文本功能，可以适应复杂的加工情况；具有强大的节点编辑功能和图形编辑功能，可进行曲线焊接、裁剪和求交运算；支持多达 256 支笔（图层），可以为不同对象设置不同的加工参数；兼容常用的图像格式（如 bmp、jpg、gif、tga、png、tif 等）；兼容常用的矢量图形（如 ai、dxf、dst、plt 等）；具有常用的图像处理功能（如灰度转换、黑白图转换、网点处理等），可以进行 256 级灰度图片加工；具有强大的填充功能，支持环形填充；具有多种控制对象，用户可以自由控制系统与外部设备的交互；支持 SPI 的 G3 版光纤激光器和最新 IPG_YLP 光纤激光器；支持动态聚焦（3 轴加工系统）；具有开放的多语言支持功能，可以轻松支持世界各国语言。

三、界面说明

（一）启动界面

软件开始运行程序时，会显示启动界面（图 1-8），程序在后台进行初始化操作。

图 1-8　软件启动界面

（二）主界面

软件的主界面主要包括 9 个部分，分别是视图工具栏、系统工具栏、命令工具栏、绘制工具栏、加工控制栏、标刻参数栏、状态栏、对象属性栏和对象列表。

四、"文件" 菜单

"文件" 菜单用于实现一般的文件操作，如新建、打开、保存、另存为等功能，如图 1-9 所示。

图 1-9　"文件" 菜单

（一）新建（N）

"新建"子菜单用于新建一个空白工作空间以供作图，其快捷键为 Ctrl+N。选择"新建"子菜单时，软件将会关闭当前正在编辑的文件，同时建立一个新的文件。如果当前正在编辑的文件没有保存，软件会询问"是否保存该文件"。

"新建"子菜单对应的工具栏图标为 。点击该图标可以实现同样的操作。

当我们将鼠标指针移动到工具栏中的"新建"图标并稍微停顿后，系统将会出现一条提示信息，简单说明该图标的功能，同时在主界面窗口下方状态栏上将会显示该功能的详细解释。如果我们将鼠标指针移动到菜单栏中的"新建"子菜单上，系统只会在状态栏出现详细解释，不会出现提示信息。

需要注意的是，EzCad 2.0 软件中所有的工具栏图标都具有提示信息以及在状态栏显示详细信息的功能，每一个工具栏图标都对应菜单栏中的某一选项，二者实现同样的功能。

（二）打开（O）

"打开"子菜单用于打开一个保存在硬盘上的 .ezd 文件，其快捷键为 Ctrl+O。当选择"打开"子菜单时，系统将会出现一个"打开"对话框（图 1-10），我们可以选择需要打开的文件。当我们选择了一个有效的 .ezd 文件后，该对话框下方将显示该文件的预览图形（本功能需要在保存该文件时同时保存了预览图形）。

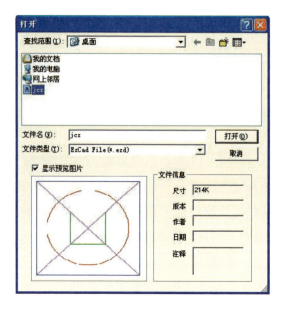

图 1-10 "打开"对话框

"打开"子菜单对应的工具栏图标为 。

我们不能使用"打开"子菜单来打开不符合 .ezd 文件格式的文件。

（三）保存（S），另存为（A）

"保存"子菜单用于以当前的文件名保存正在绘制的图形，"另存为"子菜单用来将当前绘制的图形保存为另外一个文件名。二者都能实现保存文件的功能。

如果当前文件已经有了文件名，那么"保存"命令将以该文件名保存当前绘制的图形，否则将弹出"保存为"对话框（图 1-11），要求我们选择保存文件的路径并提供文件名。无论当前文件是否有文件名，"另存为"命令都会弹出"另存为"对话框，要求我们提供新的文件名以供保存，此时旧的文件不会被覆盖。我们如果选择了"保存预览图片"，那么在打开该文件时，就可以预览该文件的图形。"保存"菜单对应的工具栏图标为 。

图 1-11 "保存为"对话框

五、"编辑"菜单

"编辑"菜单用于实现图形的编辑操作，如图 1-12 所示。

图 1-12 "编辑"菜单

（一）撤消（U）/ 恢复（R）

在进行图形编辑操作时，我们如果对当前的操作不满意，可以使用"撤消"取消当前的操作，回到上一次操作的状态；撤消当前操作后，我们可以使用"恢复"功能还原被取消的操作。这是进行编辑工作常用的功能之一。

"撤消"菜单对应的工具栏图标为 ⬅ ，"恢复"菜单对应的工具栏图标为 ➡ 。与大多数软件相同，这两种操作也具有快捷键，分别为 Ctrl+Z 和 Ctrl+Y。

（二）剪切（T）/ 复制（C）/ 粘贴（P）

"剪切"可将选择的图形对象删除，并拷贝到系统剪贴板中，然后用"粘贴"功能将剪贴板中的图形对象拷贝到当前图形中。"复制"可将选择的图形对象拷贝到系统剪贴板中同时保留原有图形对象。"剪切""复制""粘贴"对应的快捷键分别为 Ctrl+X、Ctrl+C、Ctrl+V。

（三）组合 / 分离组合

"组合"可将选择的所有对象去除原有属性并组合在一起成为一个新的曲线对象，这个组合的图形对象与其他图形对象一样可以被选择、复制、粘贴，也可以设置对象属性。"分离组合"则是将组合对象还原成一条条单独的曲线对象。例如，原图形为圆形或矩形，而做"组合"处理后的图形会统一按照曲线来处理，将其做"分离组合"处理后图形会转换为曲线。"组合"菜单对应的工具栏图标为 ▦ ，"分离组合"菜单对应的工具栏图标为 ▦ 。"组合""分离组合"对应的快捷键分别为 Ctrl+L、Ctrl+K。

（四）群组 / 分离群组

"群组"可将选择的图形对象保留原有属性并组合在一起成为一个新

的图形对象，这个群组的图形对象与其他图形对象一样可以被选择、复制、粘贴，也可以设置对象属性。"分离群组"则是将群组的对象还原成集合之前的状态。例如，原图形为圆形或矩形，而做"群组"处理后的图形依旧按照原图形属性来处理，将其做"分离群组"处理后图形会还原为原来对象，其属性不变。"群组"菜单对应的工具栏图标为，"分离群组"菜单对应的工具栏图标为。"群组""分离群组"对应的快捷键分别为 Ctrl+G、Ctrl+U。

（五）填充

"填充"可以对指定的图形进行填充操作，被填充的图形必须是闭合的曲线。如果我们想对多个对象进行填充，那么这些对象可以互相嵌套或者互不相干，但任意两个对象不能有相交部分。如图 1-13 所示，图（a）可以填充，图（b）两个矩形相交，填充结果可能不是所预期的结果。

（a）两个图形不相交　　　　　　　　　（b）两个图形相交

图 1-13　填充对象

"填充"菜单对应的工具栏图标为。选择"填充"后，系统将弹出"填充"对话框，如图 1-14 所示。

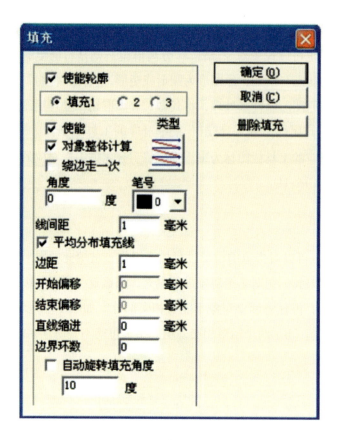

图 1-14 "填充"对话框

1. 使能轮廓

"使能轮廓"表示是否显示并标刻原有图形的轮廓，即填充图形是否保留原有轮廓。

2. 填充 1、填充 2 和填充 3

"填充 1""填充 2""填充 3"是指可以同时有三套互不相关的填充参数进行填充运算。三种填充可以做到任意角度的交叉填充并且都可以用四种不同的填充类型进行加工。

3.使能

"使能"表示是否允许当前填充参数有效。

4.对象整体计算

"对象整体计算"是一个优化的选项,如果选择了该选项,那么在进行填充计算时系统将把所有不互相包含的对象作为一个整体进行计算,在某些情况下会提高加工的速度,但也可能会造成电脑运算速度的降低;如果不选择该选项,那么每个独立的区域会分开计算。

为了便于描述,现在我们举一个特殊实例来说明此功能。假如我们在工作空间中绘制三个独立矩形,填充线间距为 1 mm,0° 填充。若不勾选"对象整体计算",系统在加工时会按照对象列表里的加工顺序依次标刻其填充线;若勾选"对象整体计算",系统在加工时会一次标刻出全部的填充线。加工效果如图 1-15 所示。

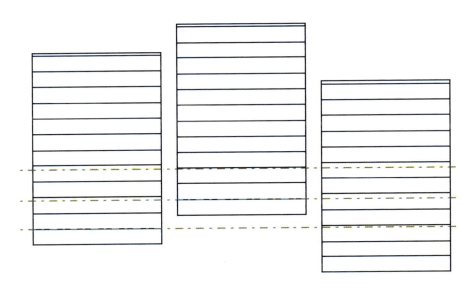

(a)不勾选"对象整体计算",填充线并不对齐

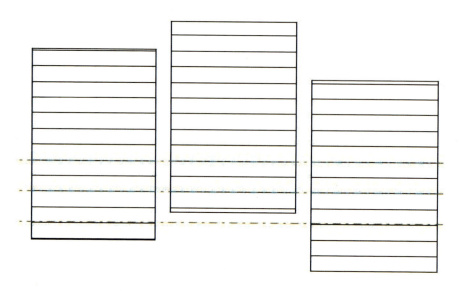

（b）勾选"对象整体计算"，填充线是对齐的

图 1-15　加工效果

5. 填充类型

"填充类型"包括单项填充、双向填充、环形填充和优化双向填充，这四种填充类型均可用鼠标点击▤按钮的方法来进行切换，根据实际需要的效果方便、快捷地进行设置或更改。

▤表示单向填充，填充线总是从左向右进行填充。

▤表示双向填充，填充线先是从左向右进行填充，然后从右向左进行填充，如此循环填充。

▤表示环形填充，填充线是由外向里循环偏移填充。

▤表示优化双向填充，优化双向填充类似于双向填充，但填充线末端之间会产生连接线。

四种填充类型的效果图如图 1-16 所示。

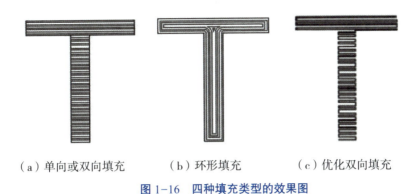

（a）单向或双向填充　　　（b）环形填充　　　（c）优化双向填充

图 1-16　四种填充类型的效果图

6. 填充角度

"填充角度"指填充线与 X 轴的夹角，如图 1-17 所示为填充角度为 45° 时的填充图形。

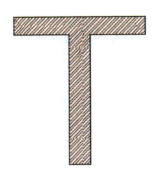

图 1-17　填充角度为 45° 的填充图形

7. 填充线间距和填充线边距

"填充线间距"指填充线相邻的线与线之间的距离。

"填充线边距"指所有填充计算完成后，填充线与轮廓对象的距离。图 1-18 为填充边距的示例填充图形。

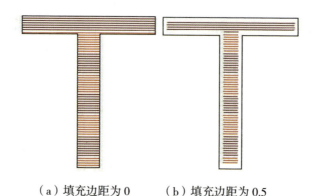

（a）填充边距为 0　　　（b）填充边距为 0.5

图 1-18　填充边距示例

8. 绕边走一次

"绕边走一次"指在填充计算完成后，绕填充线外围增加一个轮廓图形。图 1-19 为绕边走一次的示例填充图形。

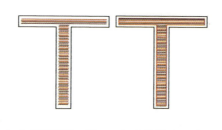

（a）没有绕边一次　　　（b）绕边走一次

图 1-19　绕边走一次示例

9. 平均分布填充线

"平均分布填充线"用于解决在填充对象的起始和结尾处填充线分布不均匀的问题。由于填充对象的尺寸和填充线间距设置等原因，填充后，填充对象的起始和结尾处可能会出现填充线分布不均匀的现象。为了简化操作，让用户在不需要自己重新设置线间距的情况下也能达到所有填充线均匀分布的目的，软件增加了此功能。选择该项后，软件会在用户设置的填充线间距的基础上自动微调填充线间距，使填充线均匀分布。

10. 开始偏移距离和结束偏移距离

"开始偏移距离"指第一条填充线与边界的距离；"结束偏移距离"指最后一条填充线与边界的距离。图 1-20 为偏移距离的示例填充图形。

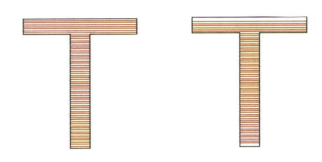

（a）开始和结束偏移距离为 0　　（b）开始和结束偏移距离为 0.5

图 1-20　偏移距离示例

11. 自动旋转填充角度

勾选"自动旋转填充角度"可以使激光机每标刻一次就自动将填充线旋转我们所设定的角度再进行标刻，这样可以保证多次深度标刻出的填充图形不会有填充线的纹路，使整个填充图形表面平滑。此项功能可在标刻模具时使用。

12. 直线缩进

"直线缩进"指填充线两端的缩进量或伸出量，如果数值为正就是缩进量，如果数值为负就是伸出量。我们在加工填充图形时，如果希望填充线左右两边与轮廓线产生一些距离，可选用此功能。图 1-21 为直线缩进的示例填充图形。

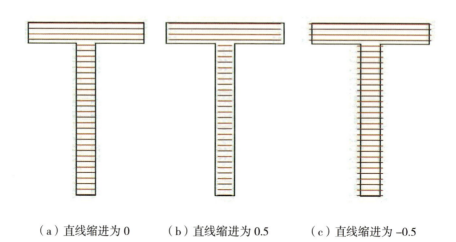

（a）直线缩进为 0　　　（b）直线缩进为 0.5　　　（c）直线缩进为 –0.5

图 1-21　直线缩进示例

13. 边界环数

"边界环数"指在进行水平填充之前先进行环形填充的次数。完全用"环形填充"的功能会出现最后一个环无法填充均匀的情况，"边界环数"功能可以解决这样的问题。图 1-22 为边界环数的示例填充图形。

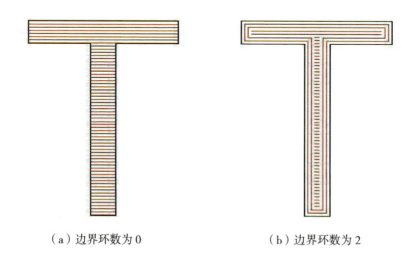

（a）边界环数为 0　　　　　　　　（b）边界环数为 2

图 1-22　边界环数示例

（六）转为曲线

"转为曲线"是把选择的图形对象的属性去除，将其转为曲线对象。

（七）转为虚线

"转为虚线"是将矢量图形转化为虚线图形进行标刻，点击后系统弹出"转为虚线"对话框，如图 1-23 所示。

图 1-23　"转为虚线"对话框

我们需要自己设定短线长度及线间距，然后点"确定"，这样就可以将矢量图转化成虚线图形了。

（八）偏移

"偏移"可将绘制的矢量图形按照偏移距离进行偏移操作，"偏移"操作对话框如图 1-24 所示。

图 1-24　"偏移"操作对话框

"偏移距离"指偏移后的图形与原图形之间的距离。

"删除旧曲线"表示是否保留原图形。不勾选此选项系统将保留原图形，勾选此选项系统会将原图形删除，只保留偏移后的图形。

我们在使用此功能时只需设置好偏移距离，然后用鼠标点击图形的偏移方向即可做出偏移后的图形。

六、"绘制"菜单

"绘制"菜单用于绘制常用的图形，包括点、直线、曲线、多边形等。该菜单有对应的工具栏，所有的操作都可以使用该工具栏上的按钮来进行，如图1-25所示。当我们选择了相应的绘制命令或工具栏按钮后，工作空间上方的工具栏（当前命令工具栏）会随之改变，以显示当前命令对应的一些选项。

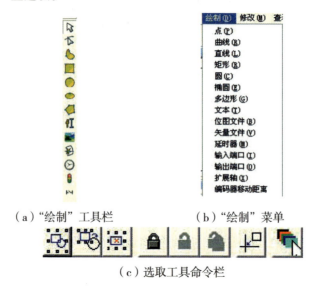

（a）"绘制"工具栏　　　（b）"绘制"菜单

（c）选取工具命令栏

图1-25　"绘制"工具栏、菜单以及选取工具命令栏

（一）点

在工作空间内绘制一个点是最简单的绘制操作。选择"点"命令，鼠标会变为十字形状，在工作空间内合适的地方单击鼠标左键即可在该位置绘制一个点，连续点击鼠标左键可以绘制更多的点。当绘制完毕后，单击鼠标右键可以结束绘制点的命令，最后绘制的一个点作为被选中的图形显示。

在"绘制点"模式下，当前命令工具栏会变成：

点击 · 按钮可以绘制单独的点。

点击 ⌇ 按钮可以向指定对象放置包含指定点数、点间距、开始偏移等参数的点，点击此按钮后当前命令工具栏变成：

其中，"点数"表示放置在曲线上的总点数；"点间距"表示每两个相邻点之间的距离；"开始偏移"表示第一个点离曲线起点的距离。如果指定的点数无法在要放置图形中一次放完全部的点，那么软件会按照点间距继续放置，直到把指定的点全部放置在图形中。

点击 ⌇ 按钮可以指定点间距和开始偏移距离在图形中放置点，点数则以布满图形为准由软件来计算。点击此按钮后当前命令工具栏变成：

（二）曲线

若要绘制一条曲线，我们可在"绘制"菜单中选择"曲线"命令或者单击 🖌 图标。在"绘制曲线"命令下，按住鼠标左键并拖动鼠标可以绘制自由曲线，如图 1-26 所示；移动鼠标到曲线中间节点上，按下鼠标左键可以删除当前节点；移动鼠标到曲线起始节点上，按下鼠标左键可以自动闭合当前曲线；移动鼠标到曲线结束节点上，按下鼠标左键可以使当前曲线节点变为尖点；移动鼠标到曲线中间不是节点的部分上，按下鼠标左键可以在当前曲线处增加一个节点。

图 1-26　绘制曲线

（三）矩形

若要绘制一个矩形，我们可在"绘制"菜单中选择"矩形"命令或者单击■图标。在"绘制矩形"命令下，按住鼠标左键并拖动鼠标可以绘制矩形；按住鼠标左键，同时按住键盘 Ctrl 键并拖动鼠标可以绘制正方形。选择矩形后，属性工具栏会显示如图 1-27 所示的"矩形"属性。

图 1-27 "矩形"属性

"圆角程度"指矩形各个角的圆滑程度，如果圆角程度为 100%，则矩形变成圆形。当勾选"全部边角圆形"选项后，我们在更改某一个角的圆角程度时，其余三个角也会改变相应的圆角程度。

每次修改完属性中的参数后，一定要点击"应用"按钮，这样才能使修改的参数生效。以下相同，不再重述。

（四）圆

若要绘制一个圆，我们可在"绘制"菜单中选择"圆"命令或者单击●图标。在"绘制圆"命令下，按住鼠标左键并拖动鼠标可以绘制圆。选择圆后，属性工具栏会显示如图 1-28 所示的"圆"属性。

图1-28　"圆"属性

"圆"属性对话框中，"直径"指圆的直径；"开始角度"指圆的起始点相对于圆心的角度；⤴表示标刻当前圆的方向是顺时针；⤵表示标刻当前圆的方向是逆时针。

（五）椭圆

若要绘制一个椭圆，我们可在"绘制"菜单中选择"椭圆"命令或者单击 🥭 图标。在"绘制椭圆"命令下，按住鼠标左键并拖动鼠标可以绘制椭圆；按住鼠标左键，同时按住键盘Ctrl键并拖动鼠标可以绘制圆。选择椭圆后，属性工具栏会显示如图1-29所示的"椭圆"属性。

图1-29　"椭圆"属性

"椭圆"属性对话框中,"开始角度"指椭圆的起始点相对于椭圆中心的角度;"结束角度"指椭圆的结束点相对于椭圆中心的角度; ↻ 表示标刻当前椭圆的方向是顺时针; ↺ 表示标刻当前椭圆的方向是逆时针。

(六)多边形

若要绘制一个多边形,我们可在"绘制"菜单中选择"多边形"命令或者单击 图标。在"绘制多边形"命令下,按住鼠标左键并拖动鼠标可以绘制多边形。选择多边形后,属性工具栏会显示如图 1-30 所示的"多边形"属性。

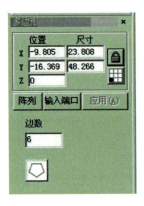

图 1-30 "多边形"属性

"多边形"属性对话框中,"边数"指多边形的边数,最小为 3,一般选择的边数在 10 以内,过多的边数会使绘制出来的多边形更像一个圆; ⬠ 表示当前多边形为外多边形; ✡ 表示当前多边形为星形。

(七)文本

EzCad 2.0 软件支持在工作空间内直接输入文本,文本的字体包括系统安装的所有字体以及 EzCad 2.0 自带的多种字体。如果要输入文本,我们可在"绘制"菜单中选择"文本"命令或者单击 图标。

在"绘制文本"命令下,按下鼠标左键即可创建文本对象。

1. 文本字体参数

选择"文本"后，属性工具栏会显示如图 1-31 所示的"文本"属性。如果我们需要修改所输入的文字，可以在文本编辑框里直接修改。

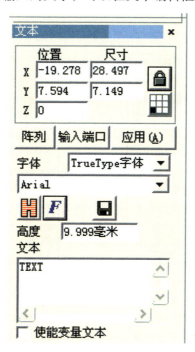

图 1-31 "文本"属性

EzCad 2.0 支持五种类型的字体，包括 TrueType 字体、单线字体、点阵字体、条形码字体以及 SHX 字体，如图 1-32 所示。

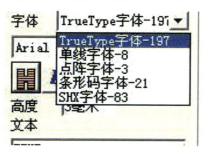

图 1-32 字体类型

字体类型后面的数字是系统内的指定字体个数，EzCad 2.0 最多支持
1 000 种字体，如果 Windows 系统里面的 TrueType 字体超过 1 000 种，那
么后面的字体将不会被载入。字体高度指字体的平均高度。

选择字体类型后，字体列表会相应列出当前类型的所有字体，图
1-33 为 TrueType 字体列表，图 1-34 为条形码字体列表。

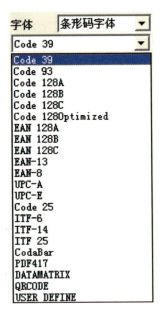

图 1-33　TrueType 字体列表　　　　图　1-34　条形码字体列表

点击 F 后系统弹出如图 1-35 所示的"字体"对话框。

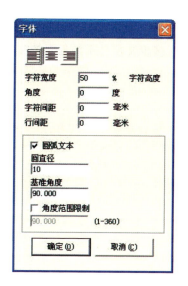

图 1-35　"字体"对话框

"字体"对话框中，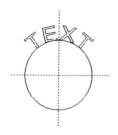指当前文本的排列方式为左对齐；指当前文本的排列方式为居中对齐；指当前文本的排列方式为右对齐；"字符宽度"指字符的平均宽度；"角度"指字符的倾斜角度；"字符间距"指字符之间的距离；"行间距"指两行字符之间的距离。

2. 圆弧文本参数

EzCad 2.0 支持圆弧文本，在图 1-35 所示的对话框中选择 ☑ 圆弧文本 后，文本将会按照定义的圆弧直径进行排列。图 1-36 是按图 1-35 参数设置生成的示例图形。

图 1-36　圆弧文本示例

"圆弧文本"对话框中，"基准角度"指文字对齐的角度基准；"角度范围限制"表示无论输入多少文字，系统都会把文字压缩在限制的角度之内，示例如图 1-37 所示。

图 1-37   限制角度为 45°的不同文字对比

3.条形码字体参数

当选择"条形码"字体后，点击▥，系统会弹出"条形码"对话框，对话框中的各项功能如下。

（1）条码示例图。"条码示例图"显示的是当前条码类型对应的条码的外观图片。

（2）条码说明。"条码说明"显示了当前条码的一些格式说明，如果我们对当前条码类型的格式不清楚，可以先仔细阅读条码说明，了解应该输入什么样的文字。

（3）文本。下方空白区域显示的是当前的文本，如果显示 ☑有效 则表示当前文本现在可以生成有效的条码。

（4）显示文本。"显示文本"对话框如图 1-38 所示，它表示是否在条码下方显示可供识别的文字。"显示文本"对话框中，"字体"表示当前要显示文本的字体；"文本高度"表示文本的平均高度；"文本 X 偏移"表示文本的 X 偏移坐标；"文本 Y 偏移"表示文本的 Y 偏移坐标；"文本间距"表示文本之间的距离。

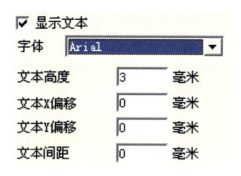

图 1-38　"显示文本"对话框

（5）空白。"空白"是指条码反转时，可以指定条码周围的空白区域的尺寸。

以一维条形码为例，一维条形码是由一个接一个的"条"和"空"排列组成的，条码信息靠"条"和"空"的不同宽度和位置来传递，信息量的大小是由条码的宽度和精度来决定的，条码越宽，包含的"条"和"空"越多，信息量越大，这种条码技术只能在一个方向上通过"条"与"空"的排列组合来存储信息，所以称为"一维条形码"。图 1-39 是一个一维条形码界面中的参数设置。"校验码"指当前条码是否需要校验码，有的条码可以由用户自己选择是否需要校验码。"反转"指是否反转加工，有的材料经激光标刻后颜色变浅，这时就必须勾选此选项。"条码高"指条码的高度。"窄条模块宽"指最窄的条模块的宽度，也就是基准条模块宽度。一维条形码一般一共有四种宽度的条和四种宽度的空，按照条与空的宽度从小到大用 1、2、3、4 来表示基准条宽的 1、2、3、4 倍，窄条模块宽度指条为一个基准条宽的宽度，条 2 的实际宽度等于窄条模块宽度乘条 2 的比例，条 3、条 4 以此类推；空 1 的实际宽度等于窄条模块宽度乘空 1 的比例，空 2、空 3、空 4 以此类推。个别条码规定字符与字符之间有一定的间距（如 Code39），"中间字符间距"就是用来设置此值的，如图 1-40 所示，中间字符间距的实际宽度等于窄条模块宽度乘中间字符间距的比例。空白是指条码左右两端外侧或中间与空的反射率相同的限定区域，空白区的实际宽度等于窄条模块宽度乘空白的比例。

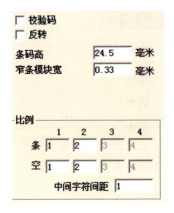

图 1-39　一维条形码的参数设置　　　　图 1-40　条码的中间字符间距

4. 变量文本

点击 ☑使能变量文本 后，系统显示如图 1-41 所示的"变量文本"属性。变量文本是指在加工过程中可以按照用户定义的规律动态更改的文本。

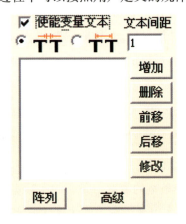

图 1-41　"变量文本"属性

"变量文本"属性对话框中，⯗ 表示当前文本字符排列时字符之间的距离；⯗TT 表示按字符边界计算间距，即左边字符右边界与右边字符左边界的距离表示一个字符间距，如图 1-42 所示；⯗TT 表示按字符中心计算

间距，即左边字符中心与右边字符中心的距离表示一个字符间距，如图
1-43 所示；是专门用于变量文本阵列的特殊选项，应用这个阵列的
时候文本会自动变化。

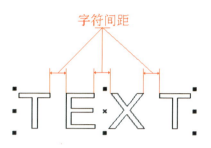

图 1-42　按字符边界计算间距

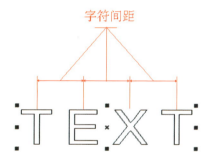

图 1-43　按字符中心计算间距

　　软件中的变量文本是由各种不同的实时变化的文本元素按先后顺序
组成的一个字符串，我们可以根据需要添加的各种变量文本元素，对文本
元素进行排序。

　　点击"增加"按钮后系统会弹出如图 1-44 所示的"文本元素"对
话框。

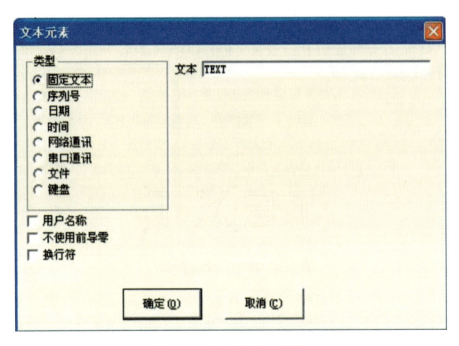

图 1-44 "文本元素" 对话框

目前 EzCad 2.0 支持八种类型的文本元素，包括固定文本、序列号、日期、时间、网络通讯、串口通讯、文件、键盘。

（1）固定文本元素。"固定文本"是指在加工过程中固定不变的元素，"固定文本"对话框如图 1-45 所示。在对话框中，"换行符"在变量文本功能中用于解决多个文本需要分行标刻的问题。应用时，软件会在两个文本之间增加一个换行符，根据换行符的位置自动把文本分行。若有多个文本需要分为多行，我们只需在要分行的文本后面增加一个换行符即可。固定文本有个专用选项是☑用户名称，当选择此项时系统会自动把当前使用 EzCad 2.0 的用户名称替换固定文本。

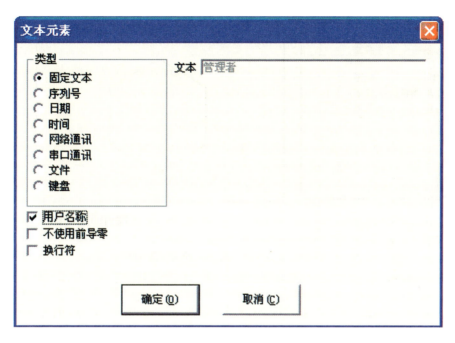

图 1-45　"固定文本"对话框

　　下面举例说明在什么情况下需要使用"固定文本"中的"用户名称"功能。假如现在要加工一批工件，由于工人每天是三个班次轮流倒休，为了控制质量每个操作员需要在工件的不加工部分标刻上自己的姓名。由于只有设计员和管理员才有更改加工文件的权限，操作员无法更改加工文件去添加自己的名字，此时就需要用到"固定文本"中的"用户名称"功能。管理员需要勾选"使用当前软件必须输入使用者密码"的选项，然后为每个操作员建立一个用户名称和密码。设计员做好如图 1-46 所示的加工文件后，在对象列表中最后一个文本设置使用固定文本元素的用户名称功能。这样，每个操作员上班后打开 EzCad 2.0 必须输入自己的用户名称和密码，在加工文件时系统会自动把最后一个文本改成操作员的名称。

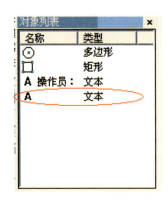 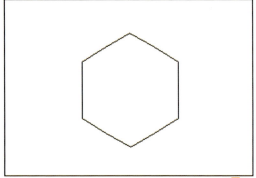

操作员：张三

图 1-46　固定文本中用户名称的加工实例

（2）序列号元素。"序列号"元素是加工过程中按固定增量改变的文本元素。当选择序列号元素时，"文本元素"对话框会自动显示序列号元素的参数定义，如图 1-47 所示。

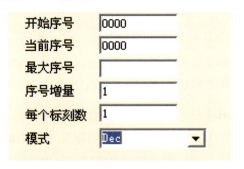

图 1-47　序列号元素的参数定义

对话框中，"模式"指当前序列号的进制模式，如图 1-48 所示。Dec 是指序列号按十进制进位，有效字符为 0 ～ 9。HEX 是指序列号按十六进制进位，有效字符为 0 ～ 9 和 A，B、C、D、E、F。hex 是指序列号也按十六进制进位，有效字符为 0 ～ 9 和 a、b、c、d、e、f。User define 是指序列号按用户自己定义的进制进位，选择此项后，点击设置，系统会弹出如图 1-49 所示的"自定义进制"对话框，用户可以定义 2 到 64 之间的任意进制，输入最大进制数，然后修改每个序号对应的文本即可。

图 1-48　序列号进制模式

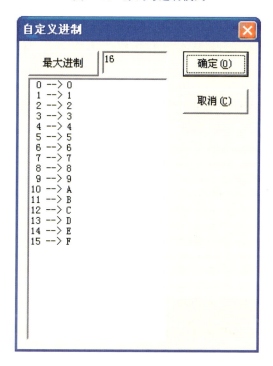

图 1-49　"自定义进制"对话框

"开始序号"指当前要加工的第一个序列号。

"当前序号"指当前要加工的序列号。

"序号增量"指当前序列号的增加量（可以为负值，表示序列号递减）。当序列号的增加量为 1 时，如果开始序号是 0000，那么每个序号会在前一序号的基础上加 1，如 0000、0001、0002、0003、…、9997、9998、9999，当序号为 9999 时，系统会自动返回到 0000。当序列号的增加量为 5 时，如果开始序号是 0000，那么序号依次为 0000、0005、0010、0015、0020、0025、…其他以此类推。

　　"每个标刻数"指每个序号要加工指定的数目后才会改变序列号，然后加工到指定的数目后再次改变序列号，以此循环。

（八）位图文件

　　如果要输入位图，我们可在"绘制"菜单中选择"位图文件"命令或者单击 图标，此时系统会弹出如图 1–50 所示的"打开"对话框，我们可以从文件中选择要输入的位图。

图 1–50　"打开"对话框

　　当前系统支持的位图格式有 bmp、jpeg、jpg、gif、tga、png、tiff、tif 等。对话框中，"显示预览图片"表示当用户更改当前文件时预览框内会自动显示当前文件的图片；"放置到中心"表示把当前图片的中心放到坐标原点上。

输入位图后，属性工具栏会显示如图 1-51 所示的"位图参数"对话框。

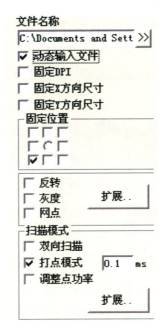

图 1-51　"位图参数"对话框

"位图参数"对话框中，"动态输入文件"指在加工过程中是否重新读取文件；"固定 DPI（DPI 是指每英寸多少个点，1 英寸等于 25.4 毫米）"类似于图形的分辨率，由于输入的原始位图文件的 DPI 值不固定或不清楚，我们可以通过"固定 DPI"来设置固定的 DPI 值，DPI 值越大，点越密，图像精度越高，加工时间就越长；"固定 X 方向尺寸"表示输入的位图的宽度固定为指定尺寸，若不是指定尺寸则自动拉伸到指定尺寸；"固定 Y 方向尺寸"表示输入的位图的高度固定为指定尺寸，若不是指定尺寸则自动拉伸到指定尺寸；"固定位置"表示在动态输入文件的时候，如果改变位图大小时以哪个位置为基准不变。

"图像处理"中，"反转"表示将当前图像每个点的颜色值取反；"灰度"表示将彩色图形转变为 256 级的灰度图；"网点"类似于 Adobe

PhotoShop 中的"半调图案"功能，它是用黑白二色图像模拟灰度图像，通过调整点的疏密程度来模拟不同的灰度效果。

点击"图像处理"的"扩展"按钮，系统会显示"发亮处理"选项，勾选此选项可以更改当前图像的亮度和对比度，如图 1-52 所示。

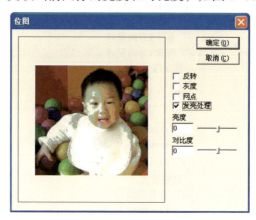

图 1-52　发亮处理

扫描模式中，"双向扫描"指加工时位图的扫描方向是双向的，如图 1-53（b）所示；"打点模式"指加工位图的每个像素点时激光是一直开着还是开指定时间；"调整点功率"指加工位图的每个像素点时激光是否根据像素点的灰度调节功率。

（a）单向扫描　　　　　　　　（b）双向扫描

图 1-53　单向扫描和双向扫描

扫描扩展参数如图 1-54 所示，其中"Y 向扫描"表示加工位图时按列的方向逐列描；"位图扫描行增量"表示加工位图时是逐行扫描还是每扫描一行后隔几行数据再扫描，这样在精度要求不高的时候可以提高加工速度。

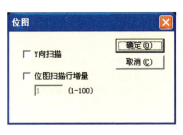

图 1-54　扫描扩展参数

（九）矢量文件

如果要输入矢量文件，我们可在"绘制"菜单中选择"矢量文件"命令或者单击图标，此时系统弹出如图 1-55 所示的"打开"对话框，我们可以从文件中选择要输入的矢量文件。当前系统支持的文件格式有 plt、dxf、ai 和 dst。

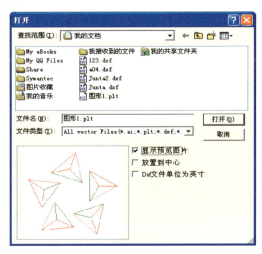

图 1-55　矢量文件输入对话框

当输入矢量文件后，属性工具栏会显示如图 1-56 所示的"矢量文件参数"对话框。如果矢量图形包含多种颜色信息（用 Coredraw、AutoCAD 等绘图软件可以指定笔的颜色），那么输入该矢量图形时，EzCad 2.0 会自动区分颜色的种类，此时我们可以按颜色或笔号选择对象，设置打标参数。

图 1-56 "矢量文件参数"对话框

"矢量文件参数"对话框中，"优化曲线顺序"表示按照先小后大的原则对图形进行排序，这样可以减少加工时间；"自动连接相邻的曲线段"表示自动把文件中可以连接在一起的曲线连接在一起；"动态输入文件"表示系统加工到此对象时自动从指定目录重新读取文件内容；"固定 X 方向尺寸"表示系统自动读取文件时保证不管文件内容如何变化最后读取的对象 X 方向尺寸都与设置的尺寸一样；"固定 Y 方向尺寸"表示系统自动读取文件时保证不管文件内容如何变化最后读取的对象 Y 方向尺寸都与设置的尺寸一样；"固定位置"表示系统自动读取文件时保证不管文件内容如何变化最后读取的对象指定点都与原对象指定点的位置重合；"固定输入点坐标"表示系统自动读取文件时保证不管文件内容如何变化最后读取的对象指定点都与指定坐标的位置重合。

（十）延时器

如果要输入延时器控制对象，我们可在"绘制"菜单中选择"延时器"命令或者单击◉图标。

选择延时器后，属性工具栏会显示如图 1-57 所示的"延时器"属性，其中"等待时间"表示当加工执行到当前延时器时系统等待指定时间后再继续运行。

图 1-57　"延时器"参数属性

七、"修改"菜单

"修改"菜单中的命令可对选中的对象进行简单的修改操作，包括阵列、变换、造形、曲线编辑、对齐等操作，如图 1-58 所示。

图 1-58　"修改"菜单

（一）阵列

当点击"阵列"命令后，系统会出现"阵列对象"对话框。我们首先需要选择阵列类型，阵列类型分为矩形和圆，"矩形"表示阵列后的图形将按照矩形排列；"圆"表示阵列后的图形将按照圆形排列。

1. 阵列类型为矩形

若阵列类型选择矩形排列，则系统会弹出如图 1-59 所示的"阵列对象"对话框

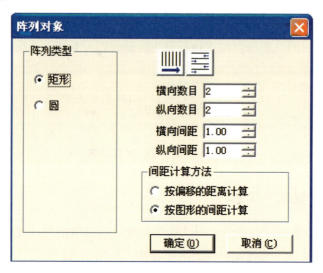

图 1-59 "阵列对象"对话框（矩形）

▥表示阵列后图形按照从左到右的顺序单向排列，同时决定了加工顺序。

▤表示阵列后图形先按照从左到右再按照从右到左的顺序循环双向排列，同时决定了加工顺序。

"横向数目"表示阵列时 X 方向的阵列数目。

"纵向数目"表示阵列时 Y 方向的阵列数目。

"横向间距"表示阵列后 X 方向图形之间的距离。

"纵向间距"表示阵列后 Y 方向图形之间的距离。

"按偏移的距离计算"表示图形间距以偏移的距离来计算，示例如图 1-60（a）所示。

"按图形的间距计算"表示图形间距以图形之间的距离来计算，示例如图 1-60（b）所示。

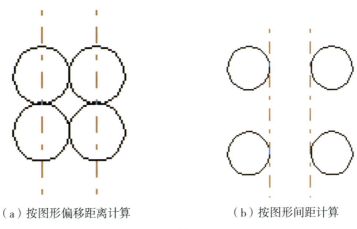

（a）按图形偏移距离计算　　　　　（b）按图形间距计算

图1-60　间距计算方法示例

2. 阵列类型为圆

若选择的阵列类型为圆，则系统会出现如图1-61所示的"阵列对象"对话框。

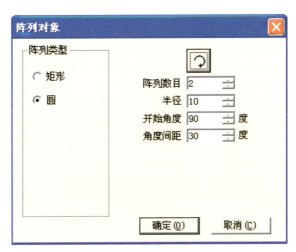

图1-61　"阵列对象"对话框（圆）

表示阵列后图形的排列顺序是顺时针排列还是逆时针排列，同时决定了标刻顺序。

"阵列数目"表示需要将选择的图形阵列成多少个同样的图形。

"半径"指阵列后图形按照圆形排列时圆形的半径。

"开始角度"决定了阵列后图形的起始排列角度。

"角度间距"表示阵列后图形的排列角度间距。

（二）变换

点击"变换"命令后，系统会弹出"变换"对话框，可对所选对象进行移动、旋转、镜像、缩放和倾斜操作。

1. 移动

"变换"对话框中的⊞表示移动变换，移动变换命令可以对当前选中的对象进行平移操作。点击该按钮，系统会显示如图 1-62 所示的移动变换参数设置。

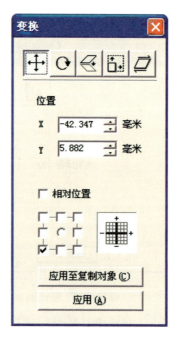

图 1-62 移动变换参数设置

"位置"表示当前选择对象的基准点位置坐标。

⊞表示当前选择对象的基准点位置。

"相对位置"表示位置坐标是相对坐标。

应用(A) 可把选择对象移动到新的位置。

应用至复制对象(C) 可复制当前选择对象,并移动到新的位置。

2. 旋转

⊙表示旋转变换,旋转变换命令可以对当前选中的对象进行旋转操作。点击旋转变换命令后,系统弹出如图1-63所示的旋转变换参数设置。

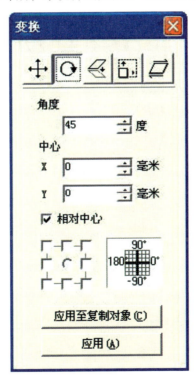

图1-63　旋转变换参数设置

"角度"表示当前选择对象要旋转的角度。

"中心"表示当前选择对象的旋转中心。

表示当前选择对象的中心点位置。

"相对中心"表示中心的位置坐标是相对坐标。

可把选择对象旋转到新的位置。

可复制当前选择对象，并旋转到新的位置。

3. 镜像

表示镜像变换，镜像变换命令可以对当前选中的对象进行镜像操作。点击镜像命令后系统弹出如图 1-64 所示的镜像变换参数设置。

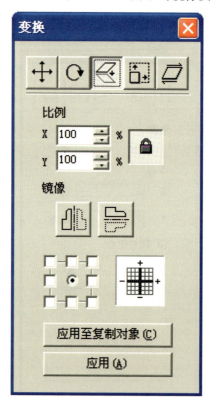

图 1-64　镜像变换参数设置

"比例"表示当前选择对象镜像后 X 和 Y 方向的缩放比例。

表示对当前选择对象进行水平镜像操作。

表示对当前选择对象进行垂直镜像操作。

表示当前选择对象的基准位置。

应用(A) 可把选择对象镜像到新的位置。

应用至复制对象(C) 可复制当前选择对象，并镜像到新的位置。

4. 缩放

表示缩放变换，缩放变换命令可以对当前选中的对象进行缩放操作。点击缩放命令后系统弹出如图 1-65 所示的缩放变换参数设置。

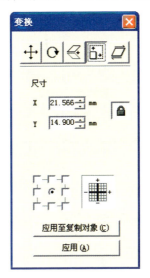

图 1-65　缩放变换参数设置

"尺寸"表示当前选择对象缩放后的尺寸大小。

表示当前选择对象的基准位置。

应用(A) 可把选择对象缩放到新的位置。

应用至复制对象(C) 可复制当前选择对象，并缩放到新的位置。

5. 倾斜

表示倾斜变换，倾斜变换命令可以对当前选中的对象进行倾斜操作。点击倾斜命令后系统弹出如图 1-66 所示的倾斜变换参数设置。

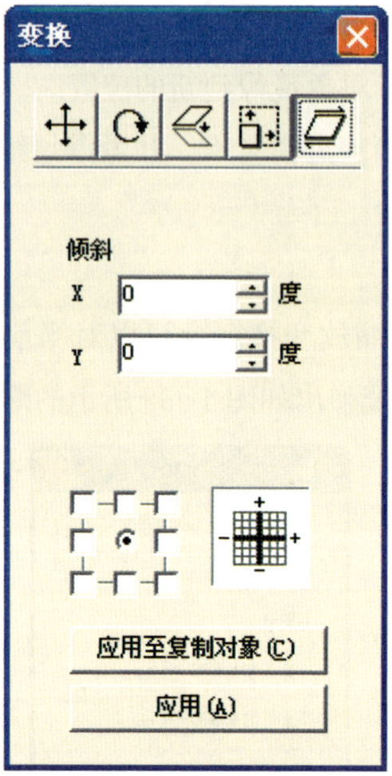

图 1-66　倾斜变换参数设置

"倾斜"表示当前选择对象的倾斜角度。

▦ 表示当前选择对象的基准位置。

应用(A) 可把选择对象倾斜到新的位置。

应用至复制对象(C) 可复制当前选择对象，并倾斜到新的位置。

（三）对齐

当我们在工作空间内选择了两个以上的对象时，"对齐"菜单将变为可用状态。该菜单可以将选择的对象在二维平面上对齐，对齐的方式有以下几种。

左边对齐：将所有的对象的左边缘对齐。

右边对齐：将所有的对象的右边缘对齐。

垂直中线对齐：将所有的对象的垂直中心线对齐。

顶边对齐：将所有的对象的顶边缘对齐。

底边对齐：将所有的对象的底边缘对齐。

水平中线对齐：将所有的对象的水平中心线对齐。

中心点对齐：将所有的对象的中心点重合对齐，该对齐方式可能使对象在水平方向和垂直方向都进行了移动。

对齐的基准是所选择的所有对象中最后一个被选中的对象，其他所有对象都以它为基准进行移动。如果我们使用了鼠标拖动的方式选择了多个对象，则最后一个对象是不确定的，可能会造成对齐的结果不正确。因此，在选择多个对象进行对齐操作时，作为基准的那个对象最好是最后一个被选中。

八、"查看"菜单

"查看"菜单用来设置在 EzCad 2.0 软件中视图的各种选项，如图 1-67 所示。

图 1-67　"查看"菜单

（一）观察

"观察"菜单对应的工具栏为 🔍🔍🔍🔍🔍🔍🔍，分别对应七种不同的模式。

🔍可将指定的区域充满整个视图区域以供观察。我们需要使用鼠标选择放大的矩形区域，若直接按鼠标右键，则系统以当前鼠标位置为中心将当前视图缩小为原来的一半；若直接按鼠标左键，则系统以当前鼠标位置为中心将当前视图扩大一倍。

🔍可使用鼠标平行移动当前视图。

🔍可放大当前视图。

🔍可缩小当前视图。

🔍可将当前工作空间内的所有对象充满整个视图区域以供观察。

🔍可将当前选中的对象充满整个视图区域以供观察。

🔍可将当前工作空间充满整个视图区域以供观察。

（二）标尺、网格点、辅助线

勾选这三个选项可以显示水平和垂直标尺、网格点和辅助线。

（三）捕捉网格

"捕捉网格"功能可以使绘制的点自动处于工作空间的网格点上。

（四）捕捉辅助线

"捕捉辅助线"功能可以使我们在移动对象时将移动对象自动贴齐到辅助线。辅助线可以在标尺中任意位置按住鼠标左键拖出，然后放置到需要的位置。若需要将辅助线移到精确的位置，我们可以双击此辅助线，在弹出的"辅助线"对话框中输入位置信息，点击"确定"后，辅助线即可自动移动到需要的位置，如图1-68所示。

图 1-68 利用"辅助线"对话框精确定位辅助线位置

（五）捕捉对象

"捕捉对象"功能可使软件在执行某些操作时自动查找对象上的顶点、中点、节点、圆心、相交点等特征点。

（六）系统工具栏、视图工具栏、绘制工具栏、状态栏、对象列表栏、对象属性栏、标刻参数栏

EzCad 2.0 软件提供了多个可实现不同功能的工具栏，我们可以通过"查看"菜单中的选项选择显示或者隐藏这些工具栏。同样，窗口下方的状态栏也可以选择显示或者隐藏。当"查看"菜单中对应的子菜单前面有"√"时，表示对应的工具栏或状态栏是可见的；若没有"√"，则表示该工具栏或状态栏是被隐藏的。

九、"激光"菜单

"激光"菜单主要用于对扩展轴的控制，包括以下几个功能模块，如图 1-69 所示。

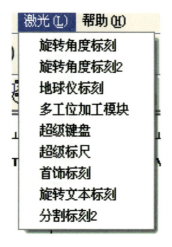

图 1-69 "激光"菜单

（一）旋转角度标刻

EzCad 2.0 软件的 plug 目录下的 Angle Rotate.plg 文件是"旋转角度标刻"模块文件。EzCad 2.0 在启动时会自动查找 plug 目录下的此文件，找到此文件后，系统的"激光"菜单栏会生成"旋转角度标刻"菜单，如图 1-70 所示。

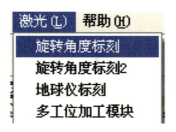

图 1-70 旋转角度标刻

"旋转角度标刻"是按照 Z 轴的角度进行旋转标刻的，所以我们在"工作空间"绘制内容（图案）的时候要将每个内容的 Z 轴位置均给定一个旋转角度，并将每个内容都放置到工作空间的中心位置（图 1-71）。开始标刻后，系统会按照每个内容的 Z 轴角度进行旋转标刻。

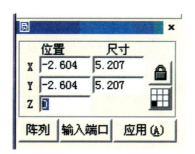

图 1-71　中心位置设置

"旋转角度标刻"的"配置参数"对话框如图 1-72 所示。

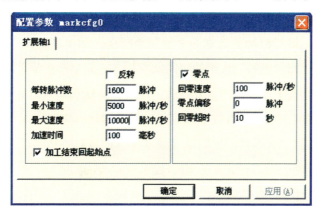

图 1-72　"配置参数"对话框

"反转"指扩展轴向相反的方向运动。

"每转脉冲数"表示扩展轴电机旋转一周所需要的脉冲数。通过下面的公式，我们就可以计算出软件所需要的每转脉冲数 X：

$$X=（360/N）\times n$$

式中：X 表示每转脉冲数；N 表示我们使用的电机的步距角；n 表示驱动器设定的细分数。

"最小速度"表示扩展轴能运动的最小速度。

"最大速度"表示扩展轴能运动的最大速度。

"加速时间"表示扩展轴从最小速度加速运动到最大速度所需要的

时间。

"加工结束回起始点"表示在加工完毕时，扩展轴移动回到加工前的起始加工点。

"零点"表示当前扩展轴是否有零点信号。若没有零点信号，则扩展轴无法建立绝对坐标系，所以我们在加工一批工件时需要人为调整位置让每次加工都在同一个位置进行。为了方便，系统每次加工前都会把当前扩展轴位置作为默认的原点位置，当加工完一个工件时，系统会自动把扩展轴移动到开始加工前的位置，这样每个工件都会在同一位置进行加工。若扩展轴存在零点信号，则当我们使用扩展轴功能时，系统会自动寻找零点，找到零点后扩展轴会建立一个绝对坐标系；如果系统没有找到零点，那么它会在"回零超时"设定的时间结束后才正常启动扩展轴功能。这里需要注意，连接零点要使用常开开关，而且只能使用输入口 0。

"回零速度"表示扩展轴寻找零点信号时的运动速度。

"零点偏移"表示当前扩展轴寻找到零点信号后离开零点的距离。

"回零超时"可以设定扩展轴寻找零点时所用的时间，如果超过这个时间系统就会提示"回零超时"。

当点击"原点"按钮时，系统会弹出"设置原点"对话框，如图 1-73 所示。在此对话框中，我们可以设置当前扩展轴的原点位置。我们可在输入框内直接输入原点坐标，也可以点击"（D）设置当前点为原点"按钮，自动设置当前坐标为原点坐标。

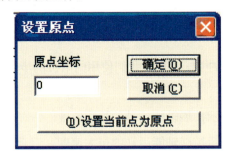

图 1-73　设置原点对话框

点击"特例运动"按钮时，系统会弹出"特例运动"对话框，如图 1-74 所示。

图 1-74 "特例运动"对话框

"运动到标刻原点"表示使当前扩展轴运动到设置的原点位置。

"扩展轴校正零点"表示使当前扩展轴自动寻找零点信号并复位坐标系。

下面列举一实例来说明"旋转角度标刻"模块的用法。

假如要在一圆柱表面标刻 a、b、c 三个字母，要求每两个字母的中心位置间隔 30°。其软件设置如下：

第一，在软件工作空间中绘制字母 a，将 Z 轴位置设置为 30°，设置无误后，点击"应用"按钮，并将其做"放置到原点"操作，如图 1-75 所示；

第二，在软件工作空间中绘制字母 b，将 Z 轴位置设置为 0°，设置无误后，点击"应用"按钮，并将其做"放置到原点"操作，如图 1-76；

第三，在软件工作空间中绘制字母 c，将 Z 轴位置设置为 60°，设置无误后，点击"应用"按钮，并将其做"放置到原点"操作，如图 1-77

所示。

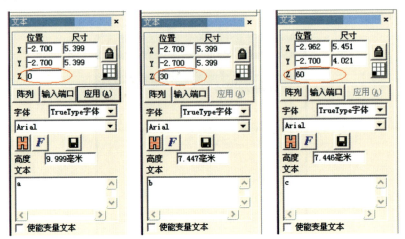

图 1-75 字母 a 的设置 图 1-76 字母 b 的设置 图 1-77 字母 c 的设置

设置完毕后点击菜单栏"激光"菜单中的"旋转角度标刻"打开"旋转角度标刻"对话框，如图 1-78 所示。

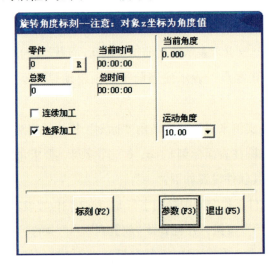

图 1-78 "旋转角度标刻"对话框

点击"参数（F3）"按钮，设置好电机参数后，系统就可以按照设置标刻了。

（二）旋转角度标刻 2

"旋转角度标刻 2"中增加了"360 度标刻"选项，其他参数调节与"旋转角度标刻"相同，如图 1-79 所示。

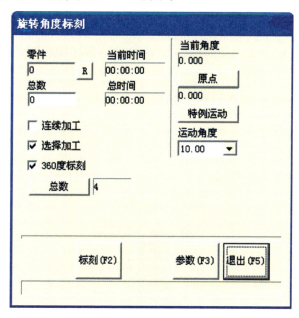

图 1-79　旋转角度标刻界面

"360 度标刻"选项表示将标刻内容均匀分布在工件周围。

"总数"按钮表示设定标刻内容绕工件一周的数量，即工件一周将标刻多少个此内容。

不勾选"360 度标刻"时，系统会在"总数"按钮下出现"增量"按钮，其中"总数"表示将要标刻的内容数量；"增量"表示每标刻一个内容，电机旋转多少度，即内容之间相差的角度。

下面通过一个实例来说明此模块的用法。

在"工作空间"上绘制标刻内容并放置到中心，确定 Z 轴为零位置。若勾选"360 度标刻"选项，将"总数"设定为 10，点击"标刻"按钮，则标刻过程首先会标刻一个内容，电机旋转 36°（360°/10）后再标刻一个同样内容，依次向后，直到标刻内容布满工件一周，内容为 10 个。若不勾选"360 度标刻"，"总数"设定为 10，"增量"设定为 45°，则标刻过程中激光机会先标刻一个内容，然后电机旋转 45°（设定值）后再标刻一个同样内容，依次向后，直到标刻 10 个内容为止。

十、加工

（一）"加工"属性栏

当我们选择的激光器为 YAG 时，"加工"属性栏界面如图 1-80 所示；当我们选择的激光器为 CO_2 时，"加工"属性栏的界面会稍有变化，如图 1-81 所示。

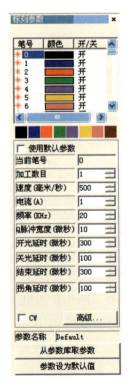

图 1-80　激光器为 YAG 时的"加工"属性栏

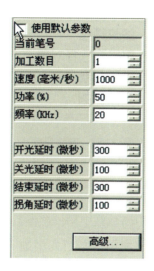

图 1-81　激光器为 CO_2 时的"加工"属性栏

1. 笔列表

在 EzCad 2.0 中，每个文件都有 256 支笔，对应"加工"属性栏最上面的 256 支笔，笔号为 0 ~ 255。

✳表示当前笔要加工，即当加工到的对象对应当前笔号时要加工，双击此图标可以更改加工状态。

表示当前笔不加工，即当加工到的对象对应当前笔号时不加工。

"颜色"表示当前笔的颜色，对象对应当前笔号时显示此颜色，双击颜色条可以更改颜色。

当点击参数应用按钮时，当前被选择的对象的笔号会被更改为对应的按钮笔号，如图 1-82 所示。

图 1-82　参数应用按钮

当在当前列表中单击鼠标右键时，系统会弹出如图 1-83 所示的右键菜单。

图 1-83　右键菜单

2. 参数设置列表

下面详细介绍"加工"属性栏中每一个参数的具体含义。

"当前笔号"表示当前使用的是第几组加工参数。在 EzCad 2.0 中，"笔"的概念相当于一组设定的加工参数。

"加工数目"表示所有对象对应的当前参数的加工次数。

"速度"表示当前加工参数的标刻速度。

"电流（激光器为 YAG）"表示当前加工参数所使用的激光器电流。

"功率（激光器为 CO_2）"表示当前加工参数的功率百分比，100% 表示当前激光器的最大功率。

"频率"表示当前加工参数的激光器的频率。

"Q 脉冲宽度"表示激光器为 YAG 时激光器的 Q 脉冲的高电平时间。

"开光延时"表示标刻开始时激光开启的延时时间。设置适当的开光延时参数可以避免在标刻开始时出现的"火柴头"现象，但如果开光延时参数设置太大则会导致起始端缺笔的现象。开光延时参数可以为负值，负值表示激光器提前出光。

"关光延时"表示标刻结束时激光关闭的延时时间。设置适当的关光延时参数可以避免在标刻完毕时出现的不闭合现象，但如果关光延时参数设置太大会导致结束端出现"火柴头"。关光延时参数不能为负值。

"结束延时"表示关光命令发出到激光完全关闭需要的响应时间，设置适当的结束延时参数是为了给激光器充分的关光响应时间，以达到让激光器在完全关闭的情况下进行下一次标刻的目的，防止漏光、甩点现象的出现。

"拐角延时"表示标刻时每段之间的延时时间。设置适当的拐角延时参数可以避免在标刻直角时出现的圆角现象，但如果拐角延时参数设置太大会导致标刻时间增加，且拐角处会有重点现象。

点击"高级"按钮后，系统会弹出如图 1-84 所示的"高级标刻参数"对话框。

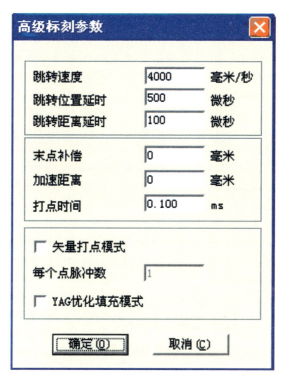

图 1-84　"高级标刻参数"对话框

"跳转速度"表示当前参数对应的跳转速度。

"跳转位置延时"表示参数标刻时对应的跳转位置延时。

"跳转距离延时"表示参数标刻时对应的跳转距离延时。

每次跳转完毕后，系统都会自动等待一段时间再继续执行下一条命令，实际延时时间由以下公式计算：

$$跳转延时＝跳转位置延时＋跳转距离 \times 跳转距离延时$$

"末点补偿"一般不需要设置参数，只有在高速加工时，调整延时参数无法使末点到位的情况下才设置此值，强制在加工结束时继续标刻一段长度为末点补偿距离的直线。此参数可以为负值。

"加速距离"参数的设置可以避免标刻开始时出现的打点不均匀的现象。

"打点时间"表示当对象中有点时，每个点的出光时间。

"矢量打点模式"可以强制定义激光器加工每个点时固定发出的脉冲数。

"YAG优化填充模式"可用于YAG激光打标机对高反材料进行填充打标时的优化处理。此功能的作用是解决YAG激光器在高亮金属材料表面进行填充打标时出现的纹路不规则的问题，以获得更好的填充效果。在使用此功能时，必须把控制卡的PWM信号作为Q驱的脉冲调制信号并连接到Q驱上才能获得相应的效果。

调整好的参数可以保存到硬盘中，方便日后调用；也可将调整好的参数设为默认值，这样以后所有新绘制的图形均会以该组参数进行加工，如图1-85所示。

图1-85 参数设为默认值

点击"参数设为默认值"即可把当前参数全部保存到名为"Default"的参数库中。

点击"从参数库取参数"后，系统弹出图1-86所示的对话框。

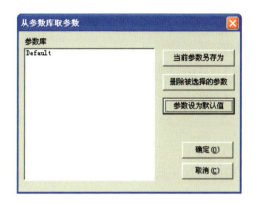

图 1-86　"从参数库取参数"对话框

"参数库"可以保存当前所有用户设置好的用于加工各种材料的参数。

"当前参数另存为"表示把当前加工参数保存到参数库中。

"删除被选择的参数"表示把当前参数从参数库中删除。

3. 应用实例

下面我们来实际调整一套参数。

绘制一个 40 mm×20 mm 的矩形，用以下参数对其填充：轮廓及填充，填充边距为 0，填充线间距为 1.0 mm，填充角度为 0，填充类型为单向填充。

标刻参数设置如下。

参数名称：××——用户定义的名称（建议使用易懂的标识性名称）。

标刻次数：1。

标刻速度：××——用户需要的标刻速度。

跳转速度：×××——用户定义的跳转速度（建议设置为 1 200 ～ 2 500 mm/s）。

功率比例：50%。

频率：5 kHz。

开光延时：300 μs。

关光延时：300 μs。

拐角延时：100 μs。

跳转位置延时：1 000 μs。

跳转距离延时：1 000 μs。

末点补偿：0。

加速距离：0。

（1）调节开光延时。加工此填充矩形时，标刻出的矩形的填充线的开始端和边界的相对位置可能会出现以下几种情况：第一，填充线的开始端与边界分离，如图 1-87 所示，这是开光延时过大造成的，需要将开光延时调小；第二，填充线开始端与边界重合，但出现了如图 1-88 所示的"火柴头"现象，即填充线的开始端标刻得较重，这是开光延时过小造成的，需要将开光延时调大；第三，填充线开始端与边界重合，并且没有出现第二种情况的"火柴头"现象，如图 1-89，这就是我们所需要的情况，此时的开光延时是比较合适的；有时无论如何调整开光延时都无法调整到图 1-89 的状态，此时可以改变"高级标刻参数"中的"加速距离"（一般设置为 0.05 ～ 0.25 mm），但这有可能会出现如图 1-90 所示的第四种情况，此时可以减小加速距离或者增加开光延时以达到理想的效果。

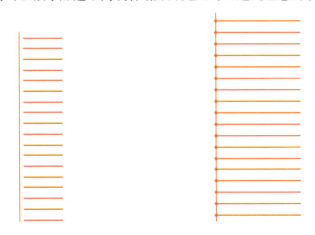

图 1-87　填充线开始端与边界分离　　图 1-88　填充线开始端出现"火柴头"现象

图 1-89　填充线开始端的理想状态　　　图 1-90　填充线开始端超过边界

（2）调节关光延时。同样地，填充线的结束端与边界的相对位置也可能出现四种情况（类似于开始端与边界的关系）：第一，填充线的结束端与边界分离，如图 1-91 所示，这是关光延时太小造成的，需要把关光延时调大；第二，填充线的结束端与边界重合，但填充线末段出现了"火柴头"现象，即填充线的结束端标刻得重了，如图 1-92 所示，这是关光延时过大造成的，需要将关光延时调小；第三，填充线结束端与边界重合，并且没有出现第二种情况的"火柴头"现象，如图 1-93 所示，这就是我们所要的效果，此时的关光延时是合适的；有时无论如何调整关光延时都无法达到理想的效果，此时可以调整"末点补偿参数"（一般为 0.05 ～ 0.25 mm），但这有可能出现如图 1-94 所示的第四种情况，即填充线结束端超过了边界，此时可以减小末点补偿参数。

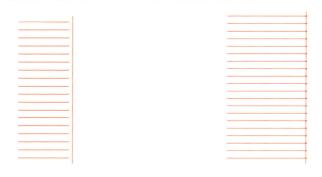

图 1-91　填充线结束端与边界分离　　　图 1-92　填充线结束端出现"火柴头"现象

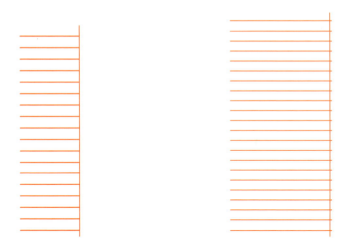

图 1-93　填充线结束端的理想状态　　　图 1-94　填充线结束端超过了边界

（3）调节跳转延时。跳转延时包括跳转位置延时和跳转距离延时。调整步骤如下：将"高级标刻参数"中的跳转位置延时和跳转距离延时调节到 0，标刻上面的填充矩形，观察填充线的开始端和结束端，此时一般会出现两端弯曲的现象，可以加大这两个延时参数，直到弯曲现象不明显，这就是合适的参数值。一般情况下，两个延时参数设置为在保证填充线两端不出现弯曲情况下的最小值，两个参数值太大虽然不会出现线条两头弯曲的情况，但会影响打标加工的效率。振镜头的性能越好，两个参数值就可以设得越小。

（4）调节拐角延时。重新做一个 40 mm×20 mm 的矩形或把上面的填充矩形的填充删除，标刻此矩形，矩形的角可能会出现以下三种情况：第一种情况如图 1-95 所示，矩形的角变成了圆弧，这是拐角延时参数值太小造成的，应加大拐角延时参数值；第二种情况如图 1-96 所示，矩形的角虽然是直角，但是直角的顶点被标刻重了，这是拐角延时参数值太大造成的，应该减小拐角延时参数值；第三种情况如图 1-97 所示，矩形的角是直角，并且没有出现顶点为重点的现象，这就是拐角延时参数值较为合适的情况。

图 1-95　矩形的角为圆弧　　　图 1-96　直角顶点被标刻重了

图 1-97　拐角延时参数的理想情况

　　以上几个参数值设置完成之后，我们就可以使用此组参数进行标刻工作了。设定好的参数最好不要再修改，因为修改后标刻的效果可能会有变化，特别是填充线和边界会有不重合的情况出现。

　　我们可以用类似的方法建立其他的标刻参数，并将其保存起来，以后就不再需要每次都修改参数，直接选中需要的标刻参数名称就可以了，这样就减少了大量的重复性的工作，提高了工作效率。

（二）加工控制栏

　　加工控制栏在 EzCad 2.0 主界面的正下方，如图 1-98 所示。

图 1-98　加工控制栏

　　"红光"可以标示要被标刻的图形的外框，但不出激光，用来指示加工区域，方便用户对加工件进行定位。此功能用于有红色指示光的标刻机。直接按键盘 F1 键即可执行此命令。

"标刻"表示开始加工。直接按键盘 F2 键即可执行此命令。

"连续加工"表示一直重复加工当前文件，中间不停顿。

"选择加工"表示只加工被选择的对象。

"零件"表示当前被加工的零件数。

"总数"表示当前要加工的零件总数，在连续加工模式下无效。不在连续加工模式下时，如果总数大于 1，那么加工过程会不停地加工直到加工的零件数等于零件总数。

"参数"表示当前设备的参数。直接按键盘 F3 键即可执行此命令。

（三）设备参数

1. "区域"参数

"区域"参数对话框如图 1-99 所示。

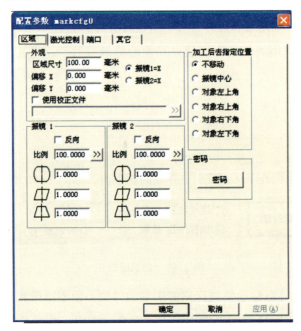

图 1-99 "区域"参数对话框

"区域尺寸"表示振镜对应的实际最大标刻范围。

"振镜 1=X"表示控制卡的振镜输出信号 1 作为用户坐标系的 X 轴。

"振镜 2=X"表示控制卡的振镜输出信号 2 作为用户坐标系的 X 轴。

"偏移 X"表示振镜中心偏移场镜中心的 X 方向距离。

"偏移 Y"表示振镜中心偏移场镜中心的 Y 方向距离。

勾选"使用校正文件"后，我们可使用外部校正程序（corfile.exe）生成的校正文件来对振镜进行校正。

"反向"表示当前振镜的输出反向。

⊕ 1.000 表示桶形或枕形失真校正系数，默认系数为 1.0（参数范围为 0.875 ～ 1.125）。假如我们所设计的图形如图 1-100 所示，而加工出的图形如图 1-101 或图 1-102 所示，那么对于图 1-101 的情况，我们可以增大 X 轴变形系数；对于图 1-102 的情况，我们可以减小 X 轴变形系数。

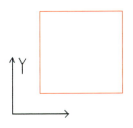

图 1-100　设计图形

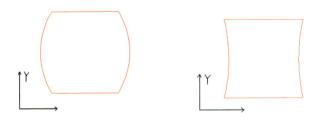

图 1-101　实际加工图形 1　　　　　图 1-102　实际加工图形 2

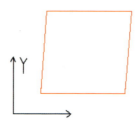 表示平行四边形校正系数，默认系数为 1.0（参数范围为 0.875 ～ 1.125）。假如我们所设计的图形如图 1-100 所示，而加工出的图形如图 1-103 所示，那么我们需要调整此参数来校正。

图 1-103　实际加工图形 3

"比例"表示伸缩比例，默认值为 100%。当标刻出的实际尺寸和软件图示尺寸不同时，我们需要修改此参数。若标刻出的实际尺寸比设计尺寸小，则增大此参数值；若标刻出的实际尺寸比设计尺寸大，则减小此参数值。若激光振镜发生变形，则必须先调整激光振镜再调整伸缩比例。设置比例时，我们可以直接按下 ≫，此时系统将弹出如图 1-104 所示的对话框，我们可以输入软件里设置的尺寸和测量出来的实际打标尺寸，这样软件将自动计算伸缩比例。

图 1-104　设置比例

"加工后去指定位置"表示当前加工完毕后让振镜移动到指定的位置。

点击"密码"按钮可以设定"参数"密码，只有输入密码后才能进入"参数"设置对话框。

2. "激光控制"参数

"激光控制"参数对话框如图 1-105 所示。

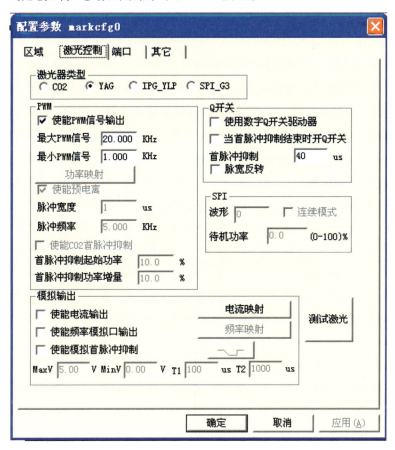

图 1-105　"激光控制"参数对话框

"激光器类型"可以选择不同的激光器。"CO_2"表示当前激光器类型为 CO_2 激光器；"YAG"表示当前激光器类型为 YAG 激光器；"IPG_YLP"表示当前激光器类型为 IPG 光纤激光器；"SPI_G3"表示当前激光器类型为 SPI 光纤激光器。此功能只支持 USBLmc 控制卡。

勾选"使能 PWM 信号输出"可以控制卡的 PWM 信号输出。

"最大 PWM 信号"表示 PWM 信号的最大频率。

"最小 PWM 信号"表示 PWM 信号的最小频率。

勾选"使能预电离"可以使用预电离信号。有些厂家的 CO_2 激光器需要此信号才能正常工作，如美国 SYNRAD 公司的激光器。

"脉冲宽度"表示预电离信号的脉冲宽度。

"脉冲频率"表示预电离信号的脉冲频率。

"使用数字 Q 开关驱动器"指现在使用的 Q 驱动器是桂林星辰数字 Q 驱动。若勾选此功能，则输出口 1 和 2 将不能用于其他用途。此模式专门针对桂林星辰的数字 Q 驱动设计。

勾选"当首脉冲抑制结束时开 Q 开关"选项后，激光器开启时会先等首脉冲抑制信号结束再开启 Q 开关；若不勾选此选项，激光器会在开启首脉冲抑制信号的同时就开启 Q 开关。

"首脉冲抑制"表示激光器开启时首脉冲抑制信号的持续时间。

"脉宽反转"表示将 PWM 脉冲高电平变为低电平，相应的低电平变为高电平并将其偏移相应的相位角，以满足 PWM 低电平有效 Q 驱动器要求，其波形示意图如图 1-106 所示。

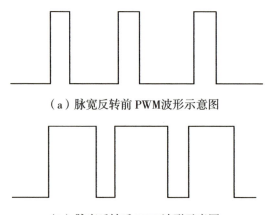

（a）脉宽反转前 PWM 波形示意图

（b）脉宽反转后 PWM 波形示意图

图 1-106　脉宽反转波形示意图

"使能 CO_2 首脉冲抑制"功能是为了解决用二氧化碳激光打标机打标

时，由于激光功率太强或者间隔时间较长，使激光能量积蓄较多，在开始标刻时引起"首点重"的现象。

"使能频率模拟口输出"可以控制频率模拟口的信号输出。

"功率映射"可以设置用户定义的功率比例与实际对应的功率比例，实际功率对话框如图1-107所示。若用户设置的功率比例不在对话框显示的值中，则按线性插值取值。

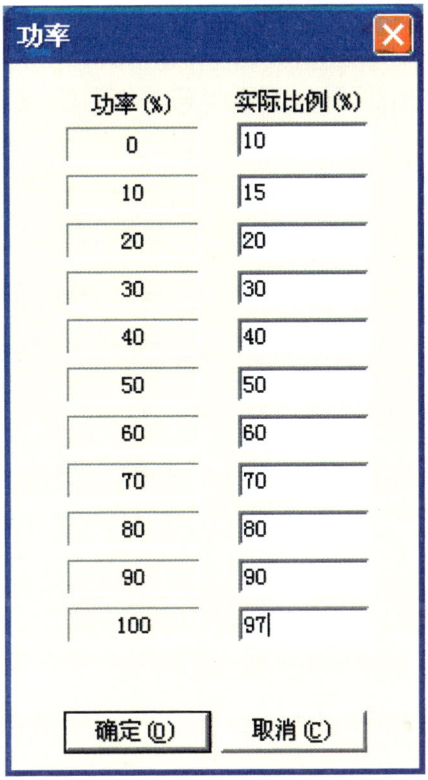

图1-107 实际功率对话框

"频率映射"可以设置用户定义的频率比例与实际对应的频率比例，实际频率对话框如图1-108所示。

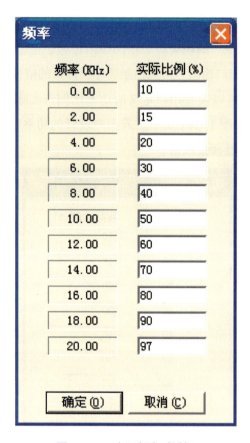

图 1-108 实际频率对话框

"MaxV"表示首脉冲抑制的最高电压。

"MinV"表示首脉冲抑制的最低电压。

"T1"表示首脉冲抑制由低电压变成高电压或由高电压变成低电压的斜坡时间。

"T2"表示当出光信号（Laser）的时间间隔小于 T2 所设定的时间时，不会有首脉冲抑制输出；只有当出光信号（Laser）的时间间隔大于 T2 所设定的时间时，才会有首脉冲抑制输出。

┗┚表示模拟首脉冲抑制的高/低电平有效。

关于 T1、T2 的分析如图 1-109 所示。

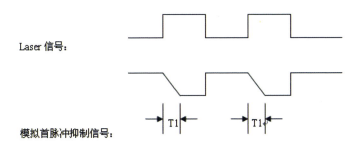

图 1-109　模拟首脉冲抑制波形示意图

"测试激光"用于测试激光器是否正常工作，点击"测试激光"按钮系统会弹出如图 1-110 所示的"测试激光"对话框。

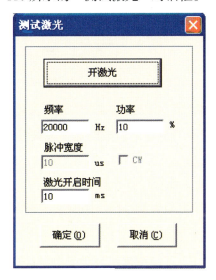

图 1-110　"测试激光"对话框

将激光器的出光频率、功率、脉冲宽度及激光开启时间设置好后点击"开激光"，激光器就会打开并在指定时间后关闭。

3."端口"参数

"端口"参数对话框如图 1-111 所示。

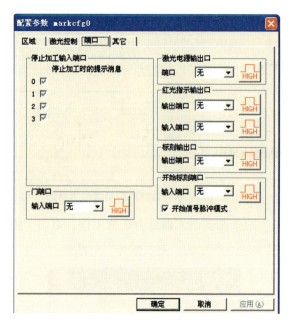

图1-111 "端口"参数对话框

"停止加工输入端口"可以指定某个输入口为停止加工端口，加工时若检测到设置的端口有对应输入，当前加工会被终止，并提示用户错误信息。

"门端口"用于检查安全门打开和关闭的端口信号。用户打开安全门时，系统自动停止加工，只有安全门关闭时系统才可以继续加工。此功能用于保护操作者不被激光烧伤。门打开时可继续红光指示。

"激光电源输出口"可以用来控制激光电源的通断，设置此端口后，软件界面"参数"上方会显示一个"电源关"按钮，如图1-112所示。

图1-112 "电源关"按钮

"红光指示输出口"表示系统在进行红光指示时会向指定输出口输出高电平。

"标刻输出口"表示系统在进行标刻加工时会向指定输出口输出高电平。

"开始标刻端口"表示当系统不在标刻状态时,如果指定输入口输出为高电平,系统会自动开始标刻。

勾选"开始信号脉冲模式"选项表示软件处理开始信号为脉冲方式,即使信号为持续电平的输入,软件也只读取一个脉冲。不勾选则处理输入口为持续电平。

4."其它"参数

"其它"参数对话框如图 1-113 所示。

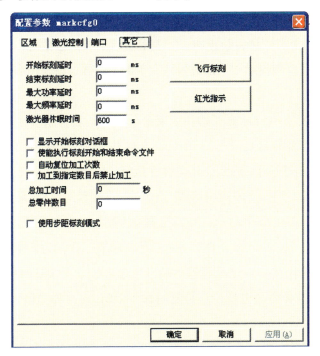

图 1-113　"其它"参数对话框

"开始标刻延时"表示每次开始加工时系统需要在指定的延时时间后才开始标刻。

"结束标刻延时"表示每次结束加工时系统需要在指定的延时时间后才结束标刻。

"最大功率延时"表示系统运行过程中打标功率从 0% 变到 100% 后，系统经过一定时间后再进行下一步打标动作。当功率变化幅度小于 100% 时，系统会自动按比例减小延时值。"最大延时功率"是为了适应激光电源的响应速度，如果激光电源有足够快的响应速度，此值可以设为 0。

"最大频率延时"与"最大功率延时"类似，它是为了适应激光器 Q 驱动的响应速度，如果 Q 驱动电源有足够快的响应速度，此值可以设定为 0。

"自动复位加工次数"表示在指定加工总数时，若零件数达到总数，则零件数会自动复位。

"加工到指定数目后禁止加工"表示在指定加工总数时，若零件数达到总数，则系统会提示"当前数目已大于加工总数，请复位当前加工数后再加工"。

勾选"使能执行标刻开始和结束命令文件"后，系统在标刻开始时会自动寻找当前软件目录下的 start.bat 文件并执行，在标刻结束后会自动寻找当前软件目录下的 stop.bat 文件并执行。bat 文件格式非常简单，可以用文本编辑软件（如记事本、写字板等）直接编写。bat 是纯 ASCII 码文本文件，一共有 3 个命令：一是检测输入端口命令 IN，如 IN2=1 表示系统检测输入端口 2，如果 IN2 为高电平就向下执行，为低电平就一直等待 IN2 变成高电平；二是设置输出端口命令 OUT，如 OUT4=1 表示系统设置输出端口 4 为高电平；三是延时命令 DELAY，如 DELAY=1 000 表示系统延时 1 000 ms。

"使用步距标刻模式"指打标时按设置的振镜最小运动步长运动，每运动完一个步长后需等待固定时间。

"飞行标刻"可与生产线同步进行打标。点击"飞行标刻"按钮，系统会弹出如图 1-114 所示的"飞行标刻"对话框。

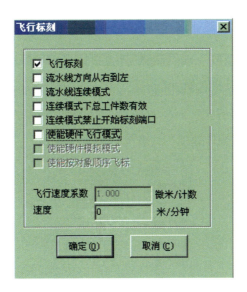

图 1-114　"飞行标刻"对话框

勾选"飞行标刻"选项可以开启"飞行标刻"功能。

勾选"流水线方向从右到左"选项，软件则认为流水线方向是从右向左的。

勾选"流水线连续模式"表示所标刻的物体是连续物体（如电线、电缆等），即我们要在连续物体上标刻内容。

勾选"连续模式下总工件数有效"表示所设定的打标"总数"有效，系统加工到指定数目后会停止加工。

勾选"使能硬件飞行模式"，系统会使用旋转编码器来自动跟踪线体速度。

勾选"使能硬件模拟模式"，系统将使用模拟硬件的方式来产生线体速度，要求指定速度。

勾选"使能按对象顺序飞标"后，软件将会按照对象列表中的顺序逐一标刻工作空间中的内容。若不勾选，软件将按照对象在工作空间中的位置从左到右标刻。

由于振镜比例校正可能存在误差，填入的数值与实际计算出的数值会有偏差，此时就需要计算"飞行速度系数"，其计算公式如下：

飞行速度系数 = 编码器测速轮的周长 / 编码器每转脉冲数

"速度"表示连接编码器的时候显示的加工现场的速度。

若勾选"飞行标刻"而未勾选"使能硬件飞行模式"，系统会在"标刻参数"栏出现"线体速度"，如图 1-115 所示。

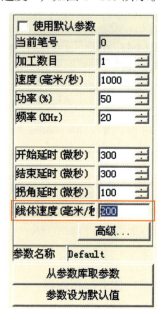

图 1-115　线体速度

红光指示的速度表示系统在红光指示时的运动速度。

红光指示的偏移位置表示系统在红光指示时的运动的偏移位置，用于补偿红光与实际激光的位置误差。

尺寸比例指红光与激光的尺寸偏差。调节此参数可以使激光与红光完全重合。

使能红光连续加工模式：此功能使能后，返回到软件界面点击"标刻"后，会出现如图 1-116 对话框，每次标刻完后还会出现，红光预览一直存在。

图 1-116　标刻对话框

第三节　激光标刻

一、激光标刻基础知识

（一）安全常识

（1）使用任何激光系统时应切记：安全第一！

（2）激光器正常工作期间，打标机内部不得增设任何零件及物品；不得在机盖打开时使用设备。

（3）打标机使用四类激光器，其输出功率最高，激光非肉眼可见，是较危险的激光器，其原光束、镜式反射光束及漫反射光束都可能会烧伤人的眼睛与皮肤，因此请使用者做好安全防护措施。

（4）开机过程中，严禁用肉眼直视出射激光和反射激光，以防伤害眼睛。

（5）有激光输出时，使用者必须佩戴专业的激光防护眼镜。

（6）检修设备时必须切断电源，设备不需要工作时请勿接通电源，并保证设备良好接地。

（7）设备周围禁止存放易燃易爆物品。

（8）设备起火或发生爆炸时，请先切断所有电源，并使用二氧化碳灭火器或者干粉灭火器灭火。

（9）在安装、使用设备时，使用者应在显眼位置标明"当心激光"等字样。

（10）使用过程中若产生疑问，请咨询受过专业培训的熟悉此类设备的工程师。

（二）激光标刻的影响因素

1. 设备参数影响

振镜式激光打标机的主要参数有标刻线宽、直线扫描速度、标刻深度、重复精度、标刻范围等。标刻线宽和重复精度会影响激光标刻的精密度。标刻范围大的设备，其适用范围更广，标刻同样大小图案的效果也比标刻范围较小的设备更佳。更深的标刻深度对激光器提出了更高的要求，标刻深度大的设备更易得到良好的加工效果。直线扫描速度则直接影响加工的效率。

2. 激光参数影响

激光参数是影响激光标刻效果重要的因素之一，主要包括激光波长、激光功率、激光模式、光斑半径、模式稳定性等。

激光波长影响打标机的加工对象范围，更短的激光波长利于金属材料对其能量的吸收，也更容易聚焦成更小的光斑，得到加工所需的更大的功率（能量）密度。

激光标刻更倾向于用低阶模激光，低阶模激光束犹如一把更为锋利的"激光刀"，可在工件表面"刻"下较深的痕迹，标刻的文字和图案也会更精致。

光斑半径越小，激光功率（能量）越集中，激光的标刻能力越强，刻线更精细。模式稳定性影响加工质量的稳定性。

3. 加工参数影响

标刻速度、激光器输出功率、焦点位置、脉冲频率和脉冲宽度是能够影响激光标刻的加工参数。

标刻速度能够影响光束与材料的作用时间，在一定的激光器输出功率下，过低的速度会导致热量的过量输入，从而使金属材料激光作用区产生锈蚀，非金属材料产生熔化甚至碳化、脆性材料开裂。较低的速度可以产生较大的标刻深度。

在焦点位置不变的情况下，激光器输出功率和标刻速度共同决定标刻时的热输入量。经过聚焦的激光光束如图 1-117 所示，加工时我们应使工件标记表面位于焦深范围内，此时激光功率密度最高，激光刻蚀效果最好。对于固体打标机，我们通常通过调节升降台来观察金属板标刻区热辐射光的亮度和标刻声音的清脆程度，以识别工件表面是否在焦深范围内，标刻面在焦深范围内时，光亮强且声音清脆。有时为了达到特殊标记效果，我们可通过正离焦和负离焦来实现。

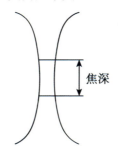

焦深

图 1-117　焦深与激光束

在激光电源输出电流一定的情况下，我们可通过降低声光开关的调制频率和脉宽来提高激光峰值功率（平均功率降低），激光峰值功率较高容易在工件表面形成"刻蚀"的效果。同样，我们通过提高调制频率和脉宽可以降低峰值功率（平均功率提高），激光峰值功率较低容易在工件表面形成"烧蚀"的效果。

4. 材料因素影响

影响激光标刻的材料因素主要有材料表面反射率、材料表面状态、材料的物理化学特性、材料种类。材料表面反射率和材料表面状态影响材料对激光能量的吸收，材料的物理化学特性（如材料的熔点、沸点、比热容、热导率等）影响激光与材料相互作用时的物理化学过程。

（三）激光打标机的维护与保养

TY-FM-20型激光打标实训系统主要由电子器件、精密仪器、光学器件组成，对使用环境及日常维护有较高的要求。

1. 维护注意事项

（1）机器不工作时，将机罩和激光器的封罩封好，防止灰尘进入激光器及光学系统。

（2）非专业人员切勿在开机时检修，以免发生触电事故。

（3）机器出现故障（如漏水烧保险、激光器有异常响声等）应立刻切断电源。

（4）机器不得随意拆卸，遇重大故障应及时通知售后。

2. 光路系统的维护

长时间使用机器后，空气中的灰尘将吸附在聚焦镜和晶体端面上，轻者将降低激光器的输出功率，重者将使光学镜片吸热，以致其炸裂。

当激光器功率下降时，若电源工作正常，则应仔细检查各光学器件，如聚焦镜是否因飞溅物造成污染、谐振腔膜片是否遭到污染或损坏、晶体端面是否漏水或遭到污染。

3.光学镜片的清洗方法

将无水乙醇与乙醚按 3∶1 的比例混合，将长纤维棉签或镜头纸浸入混合液，轻轻擦洗光学镜片表面每擦拭一面，须更换一次棉签或镜头纸。

（四）激光打标机的简单故障处理

激光打标机的简单故障及处理方法如表 1-2 所示。

表 1-2　激光打标机的简单故障及处理方法

故障现象	原因	处理方法
电源指示灯不亮，风扇不转	1.AC220V电源未连接好 2.输出短路	1.检查输出电缆和两头是否接触良好
保护指示灯亮但无射频输出	1.内部过热 2.外保护接点断开 3.Q开关元件与驱动器不匹配，或两者的连接不可靠，引起反射过大，导致内部保护单元启动	1.改善散热条件 2.检查外保护接点 3.测驻波比 4.向出厂公司咨询
运行指示灯亮但无射频输出	1.出光控制信号无效 2.LEVEL或CONTROL选择开关位置不对	1.检查出光控制信号脉冲 2.把开关拨到正确位置
加工图文错乱	出光有效电平设置错误	重新设置出光有效电平
可关断散光功率偏小	1.Q开关元件或光路有问题 2.输出射频功率偏小	1.调节光路 2.检查 Q开关元件
激光脉冲峰值功率偏小	1.激光平均输出功率偏小 2.Q开关元件有问题	1.调节激光输出功率 2.检查 Q开关元件及调节光路

二、激光标刻实例

（一）金属卡片的激光标刻

第一，开启总电源开关，使整机设备通电。

第二，开启计算机并打开打标软件 EzCad 2.0。

第三，开启设备红光、设备振镜和设备激光。

第四，激光对焦。在激光打标软件上随意画一个小图形并将其填充，勾选"连续加工"，开始激光标刻，调节主操作台升降轴，激光焦点光斑达到最亮、最响时完成对焦。

第五，设计名片。在打标软件 EzCad 2.0 上设计名片。

第六，调整激光参数。

第七，打开红光，放置材料。

第八，关闭红光，标刻名片。

第九，完成金属名片的标刻。

（二）矢量图的激光标刻

1. 矢量图简介

矢量图是根据几何特性绘制的图形，它利用线段和曲线描述图像。矢量图只能靠软件生成，其表现的图像颜色比较单一，因此所占用的空间会很小。矢量图与分辨率无关，将它缩放为任意大小或以任意分辨率在输出设备上打印出来，都不会影响其清晰度。矢量图的格式有很多，如 Adobe Illustrator 的 ai、eps 和 svg，AutoCAD 的 dwg 和 dxf，Corel. Draw 的 cdr。

2. 操作步骤

（1）开启总电源开关，使整机设备通电。

（2）开启计算机并打开打标软件 EzCad 2.0。

（3）开启设备红光、设备振镜和设备激光。

（4）激光对焦。在激光打标软件上随意画一个小图形并将其填充，勾选"连续加工"，开始激光标刻，调节主操作台升降轴，激光焦点光斑达到最亮、最响时完成对焦。

（5）导入矢量图并编辑。

（6）调整激光参数。

（7）打开红光，放置金属卡片。

（8）关闭红光，标刻矢量图。

（9）完成矢量图的标刻。

（三）位图的激光标刻

1.位图简介

位图也称为点阵图像，它使用像素一格一格的小点来描述图像。在放大图像时，像素点也放大了，由于每个像素点表示的颜色是单一的，所以在放大位图后就会出现人们平时所见到的马赛克状图案。由于位图表现的色彩比较丰富，所以占用的空间会很大。颜色信息越多，占用空间越大；图像越清晰，占用空间越大。

2.操作步骤

（1）开启总电源开关，使整机设备通电。

（2）开启计算机并打开打标软件 EzCad 2.0。

（3）开启设备红光、设备振镜和设备激光。

（4）激光对焦。在激光打标软件上随意画一个小图形并将其填充，勾选"连续加工"，开始激光标刻,调节主操作台升降轴，激光焦点光斑达到最亮、最响时完成对焦。

（5）导入位图并编辑。

（6）调整激光参数。

（7）打开红光，放置金属卡片。

（8）关闭红光，标刻位图。

（9）完成位图的标刻。

第二章　激光内雕技能实训

第一节　激光内雕基础知识

　　雕刻是一门古老的艺术，一般雕刻工艺都是从材料外部雕出所希望的形状，而激光却可以像孙悟空一样"深入腹中"去施展手脚，如图 2-1 所示。仔细察看，这些水晶制品周围全然没有供"刻刀"进出的开口，就这一点而言，激光比孙悟空还要高明，孙猴子往人家肚子里钻时也要有缝隙才行呢！

图 2-1　水晶制品

　　激光雕刻原理其实也很简单。激光要能雕刻玻璃，它的能量密度必须大于使玻璃破坏的某一临界值（或称阈值），而激光在某处的能量密度与它在该点光斑的大小有关，同一束激光，光斑越小的地方产生的能量密度越大。因此，我们通过适当聚焦，可以使激光的能量密度在进入玻璃到达加工区之前低于玻璃的破坏阈值，在希望加工的区域则超过这一阈值。激光在极短的时间内会产生脉冲，其能量能够在瞬间使玻璃受热破裂，从而产生极小的白点，在玻璃内部雕出预定的形状，玻璃的其余部分则保持原样。这就是激光内雕辅助成像技术。随着技术的发展，彩色内雕也有望实现了。

　　常见的水晶内雕刻作品是用由计算机控制的激光内雕机制作的。激光是对人造水晶进行内雕最有用的工具。激光内雕机是集激光技术、电子技术、三维控制技术、传动技术等于一体的高科技技术设备，如图 2-2 所示。

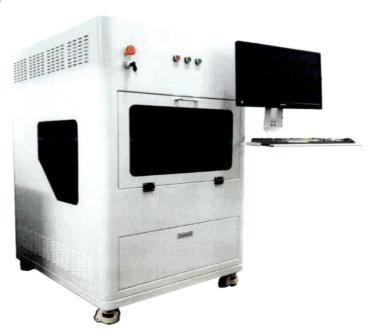

图 2-2　激光内雕机

　　激光内雕机可用于在工艺水晶、玻璃等透明材料内雕刻平面或立体图案，如雕刻 2D/3D 人像、人的手印和脚印、奖杯等个性化礼品或纪念品，也可用于批量生产 2D/3D 动物、植物、建筑、车、船、飞机等模型产品和 3D 场景展示，如图 2-3 所示。

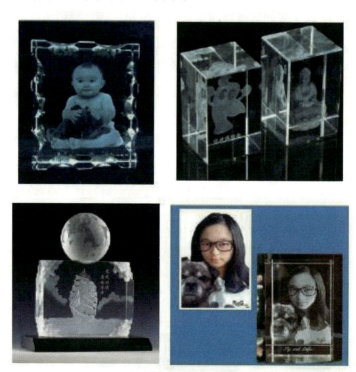

图 2-3　激光内雕制品

　　水晶内雕是指将一定波长的激光射入水晶内部，令水晶内部的特定部位发生细微的爆裂，形成气泡，从而形成预置形状的一种水晶加工工艺，也泛指以这种工艺加工出来的水晶工艺品。

　　激光内雕技术可将平面或立体的图案"雕刻"在水晶或玻璃的内部。以二维图像的雕刻为例，激光内雕机首先通过专用点云转换软件将二维图像转换成点云图像，然后根据点的排列通过激光控制软件控制图像在水晶中的位置和激光的输出，由半导体泵浦固体产生的激光经倍频处理输出为波长为 532 nm 的激光，激光束经扩束镜扩束后，再折射到振镜扫描器的反射镜上，振镜扫描器在计算机的控制下高速摆动，使激光束在平面的 X 和 Y 方向上进行扫描，从而形成平面图像。

一、激光内雕概述

（一）激光内雕原理

激光内雕的原理是光的干涉现象。两束激光从不同的角度射入透明物体（如玻璃、水晶等），准确地交汇在一个点上。两束激光在交点上发生干涉和抵消，其能量由光能转化为内能，放出的大量热量会将该点熔化从而形成微小的空洞。机器准确地控制两束激光在不同位置上的交汇，制造出大量微小的空洞，最后这些空洞就形成了所需要的图案。激光内雕时，我们不用担心射入的激光会破坏一条直线上的物质，因为激光在穿过透明物体时不会产生多余热量，只有在干涉点处才会转化为内能并熔化物质。水晶及玻璃内雕图案是用由计算机控制的激光内雕机制作成的。

（二）激光器的工作原理

激光器的工作原理如图 2-4 所示。

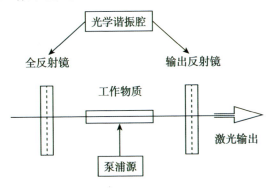

图 2-4　激光器的工作原理

（三）激光的特性

激光的特性如图 2-5 所示。

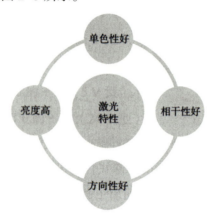

图 2-5　激光的特性

（四）常用激光器种类

1. 固体激光器

典型的固体激光器是 YAG 激光器。固体激光器主要用于金属材料的加工，也可用于部分非金属材料的加工。

2. 气体激光器

气体激光器的加工对象主要是非金属材料，如木材、皮革、有机玻璃等。

（五）激光的加工方式

1. 激光热加工

激光热加工是指具有高能量密度的激光束聚焦在被加工材料表面上，

材料表面吸收激光能量，在聚焦点上产生热激发过程，从而使材料表面温度上升，产生熔融、烧蚀、蒸发等现象。

2. 激光冷加工

激光冷加工是指具有高负荷能量的激光束聚焦在被加工材料表面上，将材料表面的分子的化学键打断并重组，使材料发生非热过程破坏。激光冷加工具有非常高的应用价值，它不会产生"热损伤"，因而对被加工表面的里层和附近区域不产生加热等作用。

二、激光内雕机的特点

激光内雕机采用先进的振镜技术，配有 2 kHz 半导体泵浦 YAG 倍频激光器，爆点很细、很亮，雕刻速度更快，图案更精细、生动、逼真，关键元器件设计更合理，长期工作稳定性好，能够适应个性化和批量快速加工需要。

三、激光内雕安全常识

使用者在使用激光内雕机时，需要注意安全用电，注意检查机器及配电盘是否漏电，防止触电。雕刻过程中，使用者必须佩戴专业的激光防护眼镜。检查设备时，使用者必须切断电源。设备起火或发生爆炸时，使用者应先切断电源，再使用二氧化碳灭火器或干粉灭火器灭火。在安装、使用设备时，使用者应在显眼位置标明"当心激光"等字样。

四、激光内雕机的常见故障及解决方法

（一）激光强度下降，出现漏点

解决方法如下：增加电压；检查内循环，查看蒸馏水是否长时间未换；若增加电压的幅度大于100 V 却仍感觉光源不够，且激光谐振腔发生

变化，则应微调谐振腔镜片，使输出光斑符合要求；若增加电压的幅度不大，但增压时仍感觉光源不够，则应是氙灯老化，需要更换新灯。

（二）氙灯不能触发

解决方法如下：检查所有电源连接线，如安装新灯后需检查灯的接头是否正确、牢固连接（红为正，黑为负）；检查高压氙灯是否老化。

（三）按下预燃开关，预燃不成功

解决方法如下：检查水流保护开关是否闭合；检查预燃板接插件接触是否良好，负载是否接好；检查预燃开关是否接触不良；检查放电线之间或放电线与大地之间有无高压击穿现象；检查氙灯是否损坏；检查预燃板是否正常。

（四）工作后，有充电电压，但不放电

解决方法如下：检查开关是否按下，面板有无频闪；检查放电继电器是否吸合；检查 CZ704 和 CZ201 是否接触良好；检查氙灯是否损坏。

（五）长时间工作后，自动停灯

解决方法如下：检查风扇是否工作正常；检查功率变换散热器是否过温；检查预燃板是否正常。

（六）水晶块打裂

解决方法如下：减小雕刻电流，电流范围为 1 714 ～ 1 914 A；在点云形成时增大点间距；增大有效矢量步长值。

第二节 激光内雕机操作

一、开机操作步骤

第一，打开电脑主机和显示器，然后打开如图 2-6 所示的两个按钮启动机器。

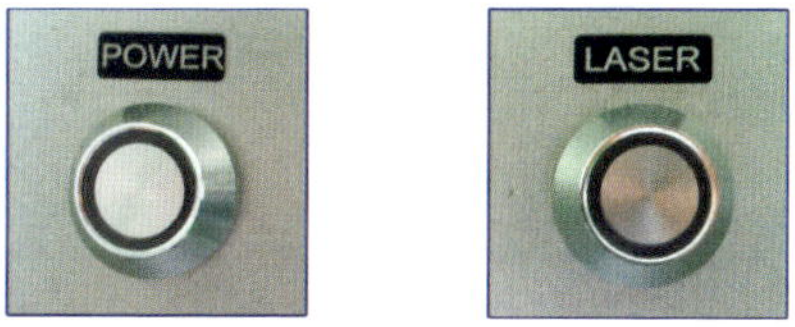

（a）总电源按钮　　（b）激光器电源按钮

图 2-6　机器电源按钮

第二，等电脑进入 Windows 系统后，打开桌面上"水晶内雕"打点软件，软件打开后点击 ●复位 。出现以下三种情况必须复位：一是断电后重开；二是打点软件关闭后重开；三是工作台碰触限位开关，如图 2-7 所示。

图 2-7　工作台碰触限位开关

二、水晶内雕单件加工步骤

下面以 $80 \times 80 \times 50$（单位：mm）水晶样品为例介绍水晶内雕单件加工操作步骤。

第一，在"水晶内雕"打点软件的"文件"菜单上打开需要内雕的图案文件，即已算好点的"*.dxf"文件，"文件"菜单如图2-8所示。

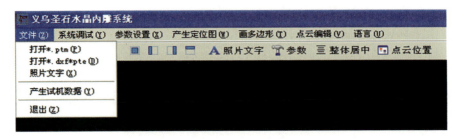

图2-8 "文件"下拉菜单

第二，在"水晶设置"对话框中输入需要内雕的水晶尺寸，点击"应用"，"水晶设置"对话框如图2-9所示。

图2-9 "水晶设置"对话框

第三，选中所要雕刻的文件名，如图2-10所示。

图2-10 选中文件名

第四，点击 [整体居中] 。

第五，根据图案文件选择分块方式，如图2-11所示，确认后点击"应用"。

图2-11 分块方式

第六，将水晶表面擦干净，在水晶底部涂上双面胶，然后将水晶放在工作台右上角。

第七，点击"雕刻"，如图 2-12 所示。

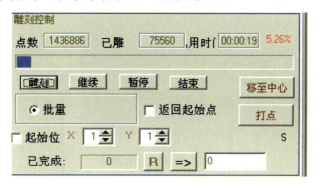

图 2-12　雕刻

第八，雕刻完成。

三、水晶内雕批量加工步骤

第一，打开"水晶设置"对话框，输入水晶尺寸（以 50 mm×80 mm×50 mm 为例），如图 2-13 所示。"水晶设置"对话框中，"偏移"表示水晶偏离工作台的距离；"间距"表示相邻水晶之间的距离；"阵列"表示在 X 轴、Y 轴方向所加工的个数；"工作台尺寸"表示 X 轴和 Y 轴方向可加工的最大范围，阵列产生的数据不能超出这个范围；"垫高"表示水晶和工作台之间所放的垫板的高度，可以根据实际需要确定要不要垫高。参数设置完成后，点击"应用"。

图 2-13　批量加工"水晶设置"参数

第二，打开打点软件，界面如图 2-14 所示。

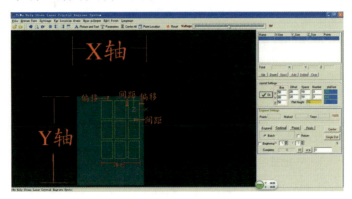

图 2-14　打点软件界面

第三，将批量加工底板放入工作平台，如图 2-15 所示。

图 2-15　底板放入工作平台

第四，点击 产生定位图(W) 按钮，出现如图 2-16 所示提示，点击"确定"。

图 2-16　产生定位图对话框

第五，点击"雕刻"，等雕刻定位完成后，再打开所需要内雕的文件，然后将文件整体居中，并将"水晶设置"中 Z 尺寸改为水晶实际尺寸，如图 2-17 所示。

图 2-17　Z 尺寸改为实际尺寸

第六，再次点击雕刻，即可进行批量加工。

四、关机操作步骤

第一，关闭激光器电源按钮和总电源按钮。

第二，关闭"水晶内雕"打点软件。

第三，关闭电脑。

第四，断开机器外部电源。

第三节　激光内雕软件操作

激光内雕软件的主界面可分为标题栏、菜单栏和工具栏，黑色区域
为加工文件的显示界面，如图 2-18 所示。

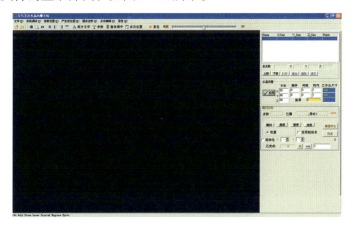

图 2-18　主界面

一、菜单栏说明

菜单栏包括文件、系统调试、参数设置、产生定位图、画多边形、点云编辑和语言七个模块,如图 2-19 所示。

图 2-19　菜单栏

（一）"文件"菜单

"文件"菜单包括打开、照片文字、产生试机数据、退出,如图 2-20 所示。

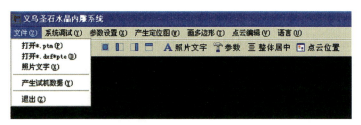

图 2-20　"文件"菜单

1. 打开 *.ptm

ptm 文件保存的是加工文件,包括加工文件的参数,但参数不可改。

2. 打开 *.dxf*pte 文件

pte 表示保存的加工文件参数可修改,此处的 dxf 文件必须是形成点云的文件。

3. 照片文字

照片文字对应图标 A照片文字。打开或点击"照片文字"图标可改变主界面,如图 2-21 所示（比较图 2-18）。

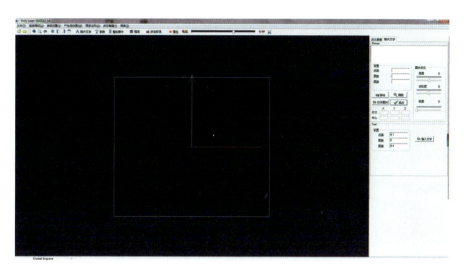

图 2-21　打开或点击"照片文字"后的主界面

右边界面出现"照片文字"对话框，如图 2-22 所示。

图 2-22　"照片文字"对话框

点击"打开图片"即可打开自己要加工的图片。

照片目录会显示照片打开的位置和照片的名称，如图 2-23 所示。

图 2-23　照片目录

鼠标右键点击照片名称，系统会弹出如图 2-24 所示的图标，点击"删除图片"可以进行照片删除；点击"隐藏图片"可使软件黑色区域不显示图片。点击照片名称即可选中照片对照片进行编辑。

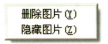

图 2-24　"删除、隐藏"对话框

点击"移动"可以对照片进行 X 轴、Y 轴的定向移动，也可以进行无规则的移动。"移动"菜单如图 2-25 所示。

图 2-25　"移动"菜单

点击"缩放"可以对照片进行 X 轴和 Y 轴的缩放，也可进行整体缩放，"缩放"菜单如图 2-26 所示。

图 2-26　"缩放"菜单

"成点"表示图片转化成点云文件。

照片参数设置区域如图 2-27 所示，其中"点距"表示点与点之间的距离，点距越小，点越密（点距一般为 0.06 ～ 0.1 mm）；"层数"表示要加工的层数，层数越大，点越多（层数一般为 3 ～ 7 层）；"层距"表示层与层之间的距离，层数越多，层距越大（层距一般为 0.4 ～ 0.6 mm）。

图 2-27　照片参数设置区域

图片优化可以对照片进行亮度、对比度和锐度的调节，如图 2-28 所示。

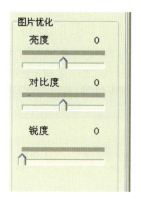

图 2-28　图片优化

文字编辑区域如图 2-29 所示，其中文字设置部分和照片设置一样。

图 2-29　文字编辑

点击"输入文字"按键，系统会弹出如图 2-30 所示的面板，我们可在空白的地方输入所需要的文字，点击"font"可选择需要的字体和文字的大小。

图 2-30　输入文字

（二）系统调试设置

系统调试主要负责工作台的矫正和移动以及激光的矫正和控制。点击"系统调试"按钮，系统弹出如图 2-31 所示的"系统调试"对话框。

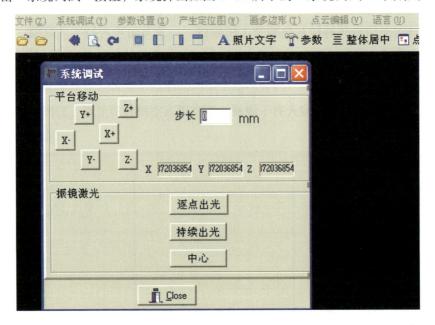

图 2-31　"系统调试"对话框

点击"X+""X−""Y+""Y−""Z+""Z−"可以对平台进行 X 轴、Y 轴和 Z 轴的移动。在"步长"的输入框中输入具体的数据可以对平台进行三个轴的精确移动。例如，输入 10，点击 🔲，则平台向上移动 10 mm。

"逐点出光"表示的是所要加工文件雕刻的第一个点，它能很好地检测加工文件的位置。点击"持续出光"则激光一直显示，能很好地检测光的偏和正，便于矫正出光的正确性。

（三）参数设置

参数设置包括运动设置、原点设置、分块设置和振镜失真设置，如图 2−32 所示。

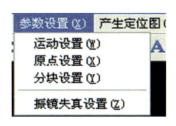

图 2−32　参数设置

1. 运动设置

运动设置主要供技术人员调试机器，是内雕打点软件最主要的参数设置，在控制面板直接点击"参数设置"可实现同样的操作。"运动控制"对话框如图 2−33 所示。

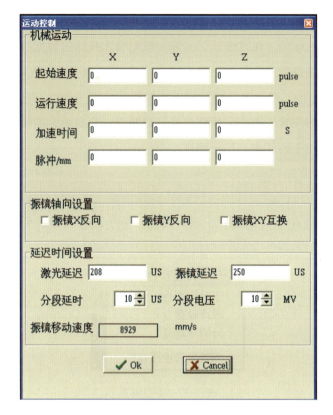

图 2-33 "运动控制"对话框

　　"机械运动"可分别控制 X 轴、Y 轴和 Z 轴三个方向的运动参数，速度单位是脉冲数 / 秒，加速度单位是脉冲数 / 秒 ^{2}。运动控制方式是梯形加速，如 X 方向的起始速度为 1 500 脉冲数 / 秒（低速），按照 300 脉冲数 / 秒 ^{2} 的加速度加速，直到 6 000 脉冲数 / 秒（高速），运行一段时间后又降速，刚好到低速时完成所要求移动的脉冲数。实际情况由于移动距离很短，没到高速就开始降速。平台移动的快慢主要由低速确定，低速越大，冲击越大，并且容易加工成毛刺；但低速大的平台移动快，加工也快。

　　"振镜轴向设置"用于调节图形镜像。"激光延迟"和"振镜延迟"能够更好地使激光器出光和振镜运动同步。

2. 原点设置

"原点设置"可利用限位（定位）开关，自动查找基准点，"原点设置"对话框如图 2-34 所示。"中心点坐标"可控制系统原点（限位开关点）与基准点之间的距离；"系统原点方向"可控制返回系统原点方向和运动速度。这些参数需要根据系统进行调整，一旦确定就不要再修改了，只需点"确定"系统就会自动找到基准点。

图 2-34　"原点设置"对话框

3. 分块设置

"分块设置"一般用于某个图需要加工的尺寸比较大、一次加工不了的情况（振镜有一次加工的范围，不同的装配需要不同的范围）。"分块设置"有四种选择（照片、立体图、自定义和不分块），如图 2-35 所示。

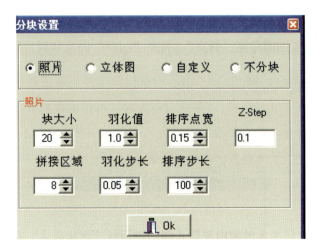

图 2-35 "分块设置"对话框

"块大小"表示每块的大小;"羽化值"表示相邻两块的明细值(模糊度);"拼接区域"表示使块里面产生一个斜切角的斜切范围的大小;"羽化步长""排序点宽""排序步长"是点云的一种运行方式,不需要修改;"不分块"表示振镜可以对图案进行完整的一次加工。

4. 振镜失真设置

点击"振镜失真设置",系统弹出如图 2-36 所示的"振镜校正"对话框。"校正范围"最大为 70 mm,即左上角九个数字的最大尺寸。"测试框"一般在 50 mm 左右。调节 1、3、7、9 四个基点的 X、Y 的电压值(电压的最大值为 4.8 V),使之与机械点的四个基点重合,表示调好了振镜的水平 X、Y 的雕刻鼓形修正(当雕刻正方形时,四个边可能不是直线,可用参数进行修正)。

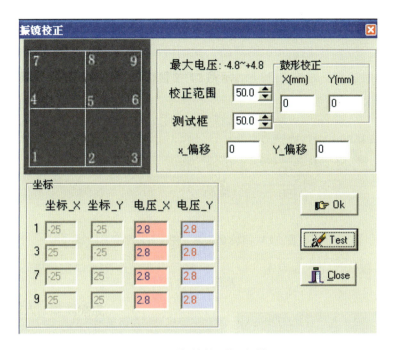

图 2-36 "振镜校正"对话框

（四）产生定位图

点击"产生定位图"，系统出现如图 2-37 所示的"产生定位图"对话框。

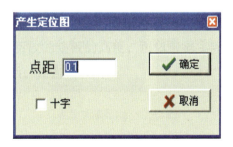

图 2-37 "产生定位图"对话框

根据水晶的尺寸数据，系统会形成一个放料的方框及中心十字，便于对准放料。操作时系统会有提示框，要产生水晶定位图则选"确定"。

此命令对于多个加工有很好的定位作用。例如，如果要一次加工 16 个 50×80×50（单位：mm）的产品，我们可在控制面板的"水晶设置"中修改阵列参数，如图 2-38 所示。

图 2-38 "水晶设置"中修改阵列参数

参数修改完成后点击"应用"，然后点击"产生水晶定位图"，水晶定位效果如图 2-39 所示（背景表示的是工作台）。

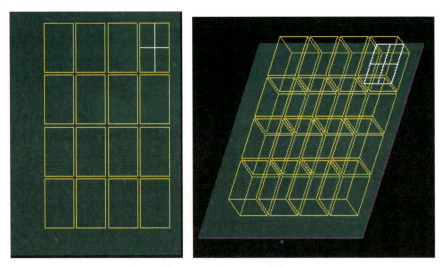

图 2-39 水晶定位效果

（五）画多边形

点击"画多边形"选项，如图 2-40 所示，系统出现如图 2-41 所示的"画多边形"对话框，可以画不规则的图形。

图 2-40 "画多边形"选项

图 2-41 "画多边形"对话框

（六）点云编辑

"点云编辑"是软件的主要部分，它的编辑功能在控制面板上，如图 2-42 所示。

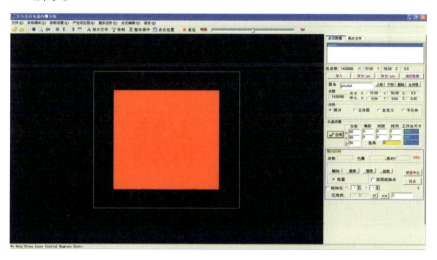

图 2-42 控制面板的"点云数据"编辑

117

"点云数据"对话框如图 2-43 所示，有关参数介绍如下。

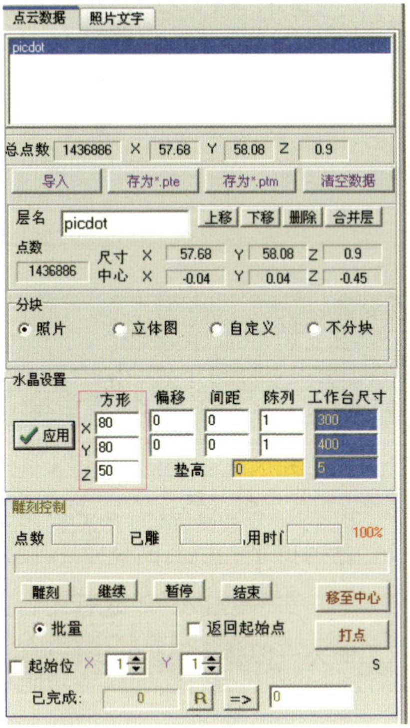

图 2-43 "点云数据"对话框

"总点数"表示点云文件有多少点，"X""Y""Z"表示点云文件的实际尺寸。

"层名"是点云文件的名称。"上移"和"下移"在需要有两个点云文件的操作中可以移动某个点云文件的位置，在上的先雕。"合并层"表示把两个或多个点云文件合并为一个文件。

"导入"表示再引入一个点云文件。"存为 *.pte"表示保存的点云文件再次打开时可以对其参数进行修改。"存为 *.ptm"表示不可以对其参数进行修改。

"分块"对应分块参数设置，点云文件必须选择一种分块方式进行加工，不同的图选择不同的方式。

　　"水晶设置"就是调整所需要加工的水晶大小，"水晶设置"对话框如图2-44所示。"偏移""间距""阵列"在前面有过介绍，此处不再赘述。

图 2-44　"水晶设置"对话框

　　所有参数设置完毕就可以点击"雕刻"了。"雕刻控制"界面中，"点数"表示要加工图的点数，"已雕"表示在已雕时间里所雕刻的点数，"用时"后面显示的百分数表示已雕占总数的百分比。我们一般选择批量生产，这样既可以实现单个加工，也可以实现阵列加工。"起始位"表示在阵列时选择 X 轴方向的第几个、Y 轴方向的第几个（方向都是从右向左）进行加工。"已完成"表示所加工的个数，"R"表示清零。"雕刻控制"对话框如图 2-45 所示。

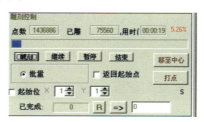

图 2-45　"雕刻控制"对话框

　　菜单栏中的"点云编辑"还可以对所加工的文件进行移动、缩放、旋转、居中等功能，如图 2-46 所示。

图 2-46　菜单栏中的"点云编辑"

"精确控制"可以对文件同时进行精确移动、缩放和旋转，如图 2-47
所示。

图 2-47　精确控制

"选择方式"是对点云文件进行简单的修改，包括框选和多边形选，
选择后可以对所选部分进行移动和删除或者其他的命令，如图 2-48 所示。

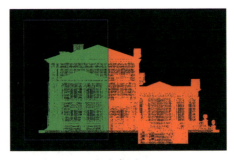

（a）框选

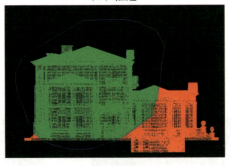

（b）多边形选

图 2-48　框选和多边形选

"成为新层"表示所标示的部分成为一个新的加工文件。

二、工具栏功能

软件中的工具栏如图 2-49 所示。

图 2-49　工具栏

表示打开文件，对应菜单栏的"文件"菜单。

表示选中文件后可以对文件进行移动、缩放和旋转。

表示加工文件的四个视图，从左向右分别为主视图、左视图、右视图、俯视图（显示界面只能显示一个视图）。

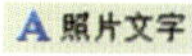

对应"文件"菜单里的"照片文字"。

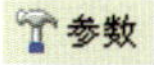

对应菜单栏里的"参数设置"。

表示所加工的点云文件在需要加工水晶的正中心。

能够显示点云文件在上、下、左、右、前、后方向距离水晶的数值，更直观地显示点云文件是否在水晶中心。

表示系统重新计算原点。

三、激光内雕布点软件

激光内雕布点软件的主界面包括标题列、选单列、工具列、模块窗口以及加工文件的显示界面。标题列能够显示程序版本及授权单位。显示界面中的方框是水晶方体大小显示框；坐标轴是三维坐标显示（X、Y、Z轴）；框内区域是实际内雕图案显示区。下面简单介绍选单列、工具列和模块窗口的功能。

（一）选单列

选单列中的"文件"菜单包括"打开 Dxf 文件（D）""打开 OBJ 文件（O）""打开图片（V）""引入文件（W）""打开备份文件（X）""备份文件（Y）""保存点云（Z）"，可根据需要选择具体操作。

121

"图形设置"菜单如图 2-50 所示，其中的"基本设置"界面如图 2-51 所示，"纹理设置"界面如图 2-52 所示。

图 2-50 "图形设置"菜单

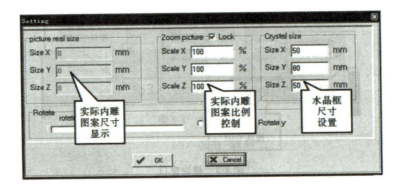

图 2-51 "基本设置"界面

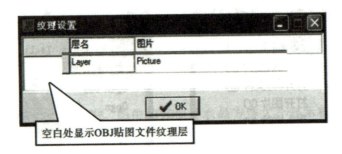

图 2-52 "纹理设置"界面

"层操作"菜单和"缩放层"菜单如图 2-53 所示。

（a）"层操作"菜单　　　　　（b）"缩放层"菜单

图 2-53　"层操作"菜单和"缩放层"菜单

"旋转层"菜单和"选择层面"菜单如图 2-54 所示。

（a）"旋转层"菜单　　　　　（b）"选择层面"菜单

图 2-54　"旋转层"菜单和"选择层面"菜单

"点云编辑"菜单、"参数"菜单及"语言"菜单如图 2-55 所示。

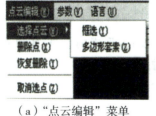

（a）"点云编辑"菜单　　（b）"参数"菜单　　（c）"语言"菜单

图 2-55　"点云编辑"菜单、"参数"菜单及"语言"菜单

（二）工具列

工具列的各个图标及功能如图 2-56 所示。

（a）清空工作区域　　　（b）打开文件　　　（c）保存点云文件

（d）向后返回　　　（e）向前返回　　　（f）开始产生点云

（g）显示界面移动　　　（h）显示界面放大／缩小　　　（i）显示界面旋转

（j）界面居中　　　　　　　　（k）视图显示

（l）移动选中的图层　（m）缩放选中的图层　（n）旋转选中的图层　（o）输入文字

图 2-56　激光内雕功能键

（三）模块区域

模块窗口包括普通层模块、贴图层模块、平面照片模块、点云编辑模块。

1. 普通层模块（for DXF file）

普通层模块如图 2-57 所示，其中各项的功能如下。

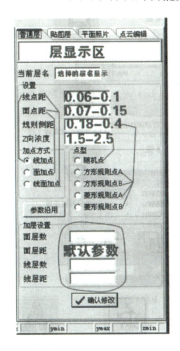

图 2-57　普通层模块

层显示区：在层显示处选择层。

线加点：改线点距。

面加点：改面点距。

线面加点：线点距参数小，面点距参数大。

点型：侧面点距控制随机点算改 Z 向浓度；方形规则点 A、B 和菱形规则点 A、B 算改侧面点距，由规则测距控制（每次只能选择一种点型模式）。

参数沿用：主要用于同样参数设置的层。

加层设置：该参数全部设为默认值。

确认修改：在选择层设置好参数后需点一下"确认"，然后再选择下一层文件改参数。

2.贴图层模块

贴图层模块如图2-58所示，其各项功能如下。

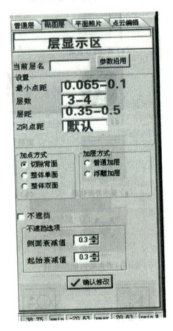

图 2-58　贴图层模块

最小点距和层数：控制内雕图案点数。

层距：侧面算点加层之间的距离。

切除背面：180°算点模式。

整体单面：360°成点（只有前面180°是贴图）。

整体双面：前后贴图（360°贴图）。

加层方式：普通加层和浮雕加层的效果一样。

不遮挡：对贴图文件有遮挡的部分起作用（一般不勾选）。

3. 平面照片模块

平面照片模块如图 2-59 所示。

图 2-59　平面照片模块

4. 点云编辑模块

点云编辑模块如图 2-60 所示，其各项功能如下。

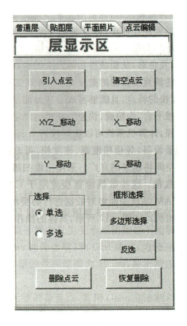

图 2-60　点云编辑模块

　　引入点云：算好点的文件需从这里引入，可以引入多个文件进行合并。

　　清空点云：清空引入的点云文件。

　　XYZ_/X_/Y_/Z_ 移动：移动所选引入文件到需要的位置。

　　单选：只能选择一次。

　　多选：可多次进行选择。

　　框形选择：用方框的形状选择。

　　多边形选择：用多点成形的方式选择。

　　反选：选择未选的文件。

　　删除点云：删除不用的点。

　　恢复删除：把删除的文件恢复。

第四节　三维激光扫描与激光内雕实训

物体表面受到激光照射时会反射激光，而反射的激光会携带距离、方位等信息。如果按照某种轨迹对激光束进行扫描，那么扫描过程会边扫描边记录反射的激光点信息。由于该扫描极为精细，因而可形成大量的激光点。通过测量仪器得到的产品外表面的点数据集合称为点云。通常，使用三维坐标测量机所得到的点云数量比较少且点与点之间的距离比较大，这种点云称为稀疏点云；而使用三维激光扫描仪或照相式扫描仪得到的点云数量比较多且点与点之间的距离比较小，这种点云称为密集点云。

三维扫描是一种高新技术，该技术融合了光、机、电和计算机技术，通过扫描物体空间外形、结构及色彩，从而获得物体表面的空间坐标。该技术的原理是把实物的立体信息转换为计算机能够直接处理的数字信号，有效实现了实物数字化的目标。三维扫描技术具有精度高、速度快的特点，且能够实现非接触测量。机器具备先进的嵌入式运动控制系统和精密稳定的机械平台，为精确、快速地获得运动定位提供了强有力的支持。通过利用非接触的光电测量原理，计算机系统可以实时地采集、显示和记录三维数据。三维扫描仪作为一种快速的立体测量设备，凭借精度高、速度快、可非接触测量等特点，未来必将受到人们更多的青睐，其应用空间将越来越宽广。采用三维扫描仪对模型进行扫描，可以得到模型立体尺寸的数据，这些数据能直接应用于 CAD/CAM 软件（UG、SURFACER、Pro/E 等），CAD/CAM 系统能够对数据进行必要的处理，并形成数字化模型。激光内雕辅助成像设备（3D 相机）如图 2-61 所示，具体的操作过程如下。

图 2-61　激光内雕辅助成像设备

第一，用三维激光扫描仪对物体（学生头像）进行扫描，如图 2-62 所示。启动 3D Interpre-tation 软件并新建相机文件，然后取参考面照相，获得学生头像的三维点云数据。为了保证扫描效果，我们需要对物体进行必要的处理（喷显影剂等），并选择合适的测量基准和扫描顺序。测量基准和扫描顺序的选择会直接影响后续操作，正确的选择会大大减少后续操作的难度，从而提高操作效率。取参考面是为了对系统进行内部标定，该操作必须在进行正常拍摄前（每次程序启动或相机发生移动后）进行，只需执行一次。在获取参考面时，蓝色的背景面板应保持平整，并且背景面板与扫描仪前面板的距离为 1.7 m（误差不要超过 2 cm），否则拍摄出的三维模型可能会发生变形或使数据不能解析。照片数据格式分为 FSD 格式（可被 PointProcess 软件读取）和 OBJ 格式（方便用户扩展应用）。拍摄期间不要让被拍摄对象移动，拍摄的景深范围为 50 cm，超出范围则无法解析。

图 2-62　用三维激光扫描仪对学生头像进行扫描

　　第二，由于光的干涉，扫描过程往往会产生很多无效的杂乱点，需用 Geomagic 软件对三维点云数据进行必要的处理，以获得高质量的三维点云数据，为下一步的激光内雕做好准备（此步是关键步骤，对三维点云数据的处理会直接影响激光内雕的加工质量）。三维点云数据太多会导致水晶块爆裂；三维点云数据太少会导致加工出来的图形的清晰度不高。

　　第三，将处理好的三维点云数据（图 2-63）按照激光内雕软件所能读取的文件格式进行保存，文件名为 1.obj。文件的格式是基于操作人员使用的激光内雕软件选择的，若使用其他软件，则按照其他软件的要求修改文件格式。

图 2-63　处理好的三维点云数据

　　第四，在激光内雕软件中打开处理好的三维点云数据文件 1.obj。若点云数据的大小和位置不符合加工的需求，则需进行相应的调整（移动、旋转、缩放等），使三维点云数据位于水晶块的合适位置；同时在激光内雕软件中进行相应的操作，使点云数据符合加工需求。

　　第五，将处理好的三维点云数据按照激光内雕机所需的文件格式进行保存，文件名为 bmy1.dxf。

　　第六，在激光内雕机软件中打开 bmy1.dxf 文件，并设置好加工参数。将水晶块放入工作台，调整好水晶块在工作台上的位置，从而保证加工完成后的图形位于水晶块的中央位置。然后合理设置激光内雕的各项参数进行加工，最终获得实物。将三维激光扫描与激光内雕结合使用能快速获得需要进行激光内雕的图形的三维数据模型，这大大缩短了激光内雕图形的绘制时间，提高了生产效率，降低了操作难度。

第三章　3D 相机使用说明

　　3D 相机组件包括照相机一台、USB 数据线一根、电源一个和控制软件一套，如图 3-1 所示。相机需要连接电脑通过控制软件配合使用。安装使用前，我们需自己准备一台电脑，配置要求家用中等以上配置即可。

图 3-1　3D 相机组件

一、安装控制软件

　　打开 CD，找到 3D 相机安装包，按如下步骤进行安装，如图 3-2 所示。

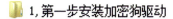

1, 第一步安装加密狗驱动
2, 第二步安装光栅控制器驱动
3, 第三步安装相机驱动(JHSM)
4, Camera3D
5, 3D相机FacePhase说明书

图 3-2　3D 相机安装步骤

（一）安装加密狗驱动

如图 3-3 所示，选择加密狗驱动图标进行安装。

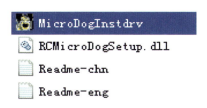

MicroDogInstdrv
RCMicroDogSetup.dll
Readme-chn
Readme-eng

图 3-3　加密狗驱动

选择 USB 狗驱动，然后安装，如图 3-4 所示。安装完成后，驱动状态栏会提示"驱动安装成功"。

图 3-4　USB 狗驱动安装

（二）安装光栅控制器驱动

如图 3-5 所示，选择安装光栅控制器驱动。

图 3-5　安装光栅控制器驱动

根据电脑系统配置，64 位系统选择 FacePhase_×64，32 位系统选择 FacePhase_×86。点击"下一步"进行安装，如图 3-6、图 3-7 所示。

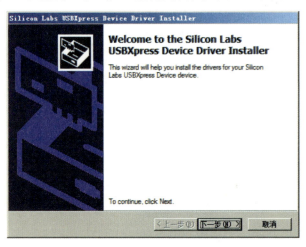

图 3-6　光栅控制器驱动安装

图 3-7　光栅控制器驱动安装中

如果 Windows 系统弹出安全警告，请选择"始终安装此驱动程序软件"，如图 3-8 所示。

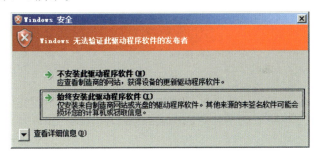

图 3-8　Windows 系统安全警告

点击"完成"安装成功，如图 3-9 所示。

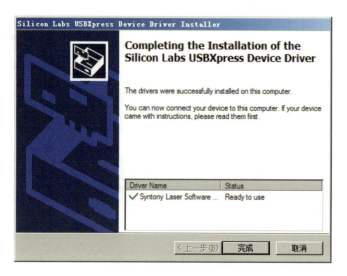

图 3-9　安装成功对话框

（三）安装相机驱动（JHSM）

64位系统选择 ×64 安装，32位系统选择 ×86 安装，如图3-10所示。

图 3-10　安装相机驱动

点击"下一步"进行安装，如图3-11 所示。

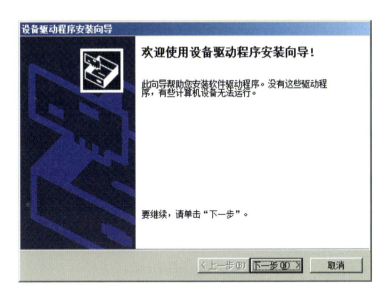

图 3-11 相机驱动安装向导

如果 Windows 系统弹出安全询问，请选择"安装"，然后继续安装，如图 3-12 所示。

图 3-12 Windows 安全询问

点击"完成"，驱动安装成功，如图 3-13 所示。

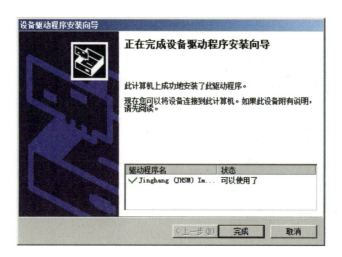

图 3-13　安装完成对话框

（四）创建 Camera3D 快捷方式

打开 Camera3D 文件夹，如图 3-14 所示，右键点击 Camera3D 应用程序图标，将其发送到桌面快捷方式。

19775429.sys	2016/9/20 11:34	系统文件	724 KB
BoxList	2016/5/3 9:31	REC 文件	1 KB
Camera3D	2016/9/14 14:26	应用程序	1,272 KB
Camera3D.exp	2016/9/14 14:26	EXP 文件	7 KB
Camera3D.lib	2016/9/14 14:26	LIB 文件	12 KB
CameraPara.pra	2016/9/21 10:52	PRA 文件	1 KB
GeomCalc.dll	2007/1/14 14:16	应用程序扩展	48 KB
GeomKernel.dll	2007/1/14 14:16	应用程序扩展	36 KB
glContext.dll	2014/4/4 20:58	应用程序扩展	52 KB
JHCap2.dll	2014/8/18 11:49	应用程序扩展	160 KB
mfc100.dll	2010/3/18 9:15	应用程序扩展	4,241 KB
msvcp100.dll	2010/3/18 9:15	应用程序扩展	412 KB
msvcr100.dll	2010/3/18 9:15	应用程序扩展	753 KB
SiUSBXp.dll	2007/3/1 12:11	应用程序扩展	88 KB
SystemPara.pra	2016/8/19 14:12	PRA 文件	1 KB

图 3-14　Camera3D 文件夹

至此，相机驱动和软件全部安装完成。

二、相机连接

相机连接非常简单，只需一根 USB 数据线和一根电源线即可，USB数据线的一端连接相机，另一端连接电脑 USB 接口，如图 3-15 所示。

图 3-15　相机连接

打开相机背后的电源开关，电脑将自动加载驱动，如图 3-16 所示。

图 3-16　电脑自动加载驱动

驱动加载完成，如图 3-17 所示。

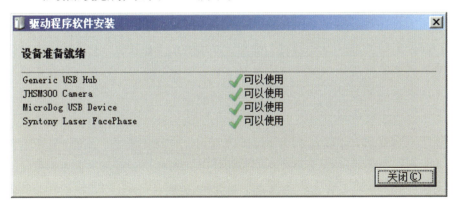

图 3-17　驱动加载完成

三、相机标定

首次使用相机时，我们需要先进行参数设置。

第一，选择一面背景墙，要求墙面平整且背景尽量不反光。

第二，将相机镜头正对背景墙，调整相机镜头面与背景墙的距离为1.2 m左右。

第三，打开 ![]软件，点击"相机设置"中的"相机参数设置"，如图 3-18 所示。点击"开启光栅"，然后点击"AGC+AEC"自动调整 Gain 和 ExposureTime 的数值，观察背景墙上的光栅条纹是否清晰；如果自动调整的 Gain 和 ExposureTime 不理想，我们也可以用鼠标拖动 Gain 和 ExposureTime 下面的滑块来手动调整，直到背景墙上的光栅条纹清晰、无噪点。调整好 Gain 和 ExposureTime 的数值后，点击"关闭光源"。Gamma、Contrast 和 Saturation 的值一般保持默认即可，不需要调整。光栅调整完毕后，点击"获取基准面"，之后点击"确定"即可完成相机标定。

图 3-18　相机参数设置

当获取的相片有明显色差时，我们可以在"相机参数设置"窗口点击"自动白平衡"进行校正。当窗口视图左右颠倒时，我们可以勾选或取消勾选"水平镜像"。当窗口视图上下颠倒时，我们可以勾选或取消勾选"垂直镜像"。

四、Camera3D 使用说明

Camera3D 是一款专门为型号为 HSGP-3000 的三维相机开发的配套软件，其主要功能是连接三维相机并控制三维相机拍摄一定数量的图片，后期通过这些图片进行数据处理得到三维的轮廓数据和纹理图片，然后将纹理映射到三维轮廓并处理成纹理效果的点云数据，最后将这些点云数据导出为通用的文件格式（如 dxf 等），供内雕设备或者其他设备使用。Camera3D 的主界面如图 3-19 所示。

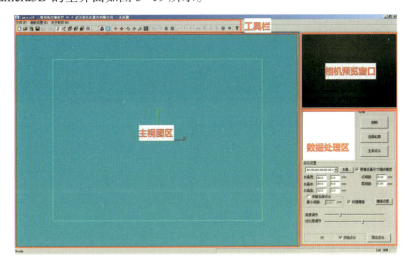

图 3-19　Camera3D 主界面

工具栏如图 3-20 所示，各图标的作用如下。

图 3-20　Camera3D 工具栏

□ 清空当前数据并新建空白文档。

☞ 打开一个 tdm 文件。

🔔 导入 OBJ+ 纹理图片类型的三维数据。

💾 保存当前文件。

🔄 后退一步。

🔄 前进一步。

🔄 视图旋转。

🔍 视图移动。

▱ 俯视图。

▱ 左视图。

▱ 正视图。

▦ 全视顶视图。

▦ 网格显示。

🎭 纹理显示。

▣ 点云显示。

✛ 根据当前水晶尺寸自动缩放。

✛ 居中。

⟲ 以 X 轴旋转。

⟲ 以 Y 轴旋转。

⟲ 以 Z 轴旋转。

▦ 自定义旋转与缩放。

▣ 对三维模型网格进行矩形选择。

▦ 对三维模型网格进行多边形选择。

▣ 选取外边框。

▣ 增加选取的范围。

▦ 整体平滑。

▦ X 方向整体平滑。

Y 方向整体平滑。

对选择部分进行平滑。

对选择部分进行挤压。

对选择部分 Z 向推压。

对选择部分 Z 向提拉。

对整个模型外边框进行平滑。

对选择部分进行修复。

关于此软件。

五、建立 3D 人像模型的步骤

（一）人像拍摄

标定完成后的相机即可进行人像拍摄。拍摄时，我们应提醒被拍摄者保持 3 s 左右静止不动，并根据相机预览窗口让被拍摄者坐在正中间位置且尽量紧贴背景墙坐好。然后我们点击数据处理区的"拍照"按钮，相机闪光灯熄灭时，拍照完成，此时系统会弹出一个文件保存的对话框，一般我们以与被拍摄者有关的名称进行数据保存，这个数据格式是 tdm。

（二）轮廓选择

数据保存完成后，系统会弹出另外一个对话框，供操作者进行感兴趣的区域选择。使用鼠标右键可以进行矩形区域选择，使用左键可以进行多边形区域选择。区域选择完成后，我们双击鼠标左键即可完成多边形选择，然后可以将鼠标指针移到需要修改的点上对该点位置进行移动。轮廓选择界面如图 3-21 所示。

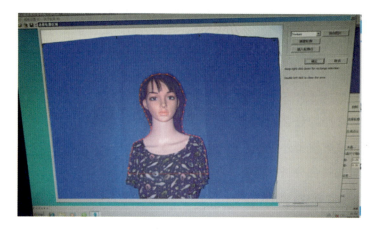

图 3-21　轮廓选择

（三）生成模型

点击"确定"按钮，软件将进行 3D 数据的构建以及纹理数据的映射。软件的主视图区将显示构建的 3D 模型，如果局部出现 3D 数据异常，那么接下来我们需要对模型进行修整。

（四）模型修整

自动构建的 3D 模型并不是完美的，我们需要对出现异常的地方进行手动修复。一般颜色比较深的局部位置容易出现数据偏差，我们可以用旋转工具在主视图区对模型进行旋转，观察需要修复的部位。如图 3-22 所示，黑色头发有两处位置数据偏差较大，我们需要用平滑或者修复工具进行修整。

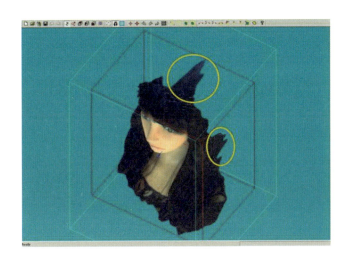

图 3-22　模型修整

　　模型修整过程中，我们可以使用选择工具选择需要修复的地方，然后使用推压、拉伸、平滑等工具进行相应的修改，直至到达或接近实际人物轮廓效果，如图 3-23 所示。

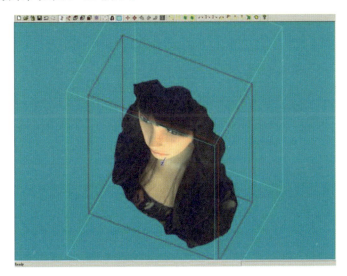

图 3-23　推压、拉伸后的模型

　　模型修整完成后，文件建议保存为 tdm 格式，如图 3-24 所示。

图 3-24　保存 tdm 格式

（五）生成点云

1. 水晶尺寸设置

水晶尺寸设置如图 3-25 所示。

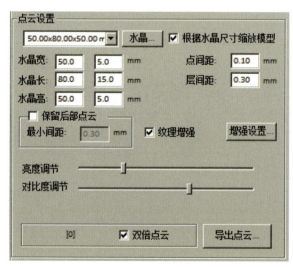

图 3-25　水晶尺寸设置

我们可以在数据处理区选择水晶尺寸。如果没有合适的尺寸，我们可以点击"水晶"进行水晶尺寸的修改、添加或删除，如图 3-26 所示。

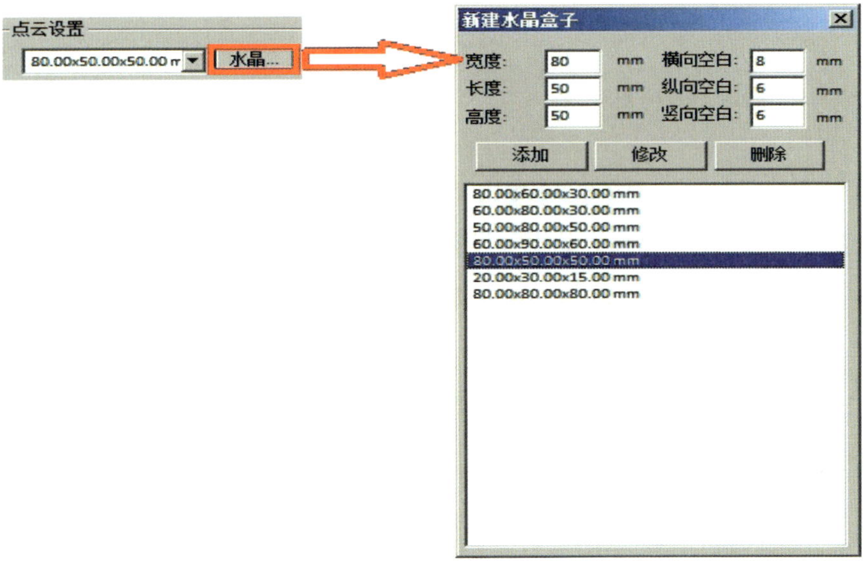

图 3-26　新建水晶盒子

"横向空白"指模型自动放大时，限制 X 方向尺寸与水晶边框的距离，这个值是 X 方向两边预留边距之和，如"横向空白"设置为 8 mm，那么左右两边各留 4 mm 的边距。同理，"纵向空白"和"竖向空白"分别是 Y 方向和 Z 方向的边距。

设置好水晶尺寸和预留空白之后，我们可以点"添加"按钮将新水晶尺寸添加到常用列表中。

当选中一个已添加的水晶尺寸时，我们可以点击"修改"按钮改变它的尺寸和预留空白，也可以点击"删除"按钮将其删除。

设置好水晶尺寸后，我们可以在水晶尺寸下拉框中选中当前需要的尺寸，然后点击✛自动缩放。

2. 点距设置

点距设置是根据需要设置模型纹理点云的最小点间距和点云纹理层

147

的层间距。默认点间距是 0.1 mm，层间距是 0.3 mm，如图 3-27 所示。

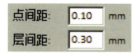

图 3-27　点距设置

如果是 360° 的模型，我们还可以选择"保留后部点云"，然后设置后部点云的最小间距，如图 3-28 所示。一般 3D 相机拍摄的人像都是 180° 的模型，所以不需要勾选此选项；即使勾选，后部没有数据也不会有点云生成。

图 3-28　保留后部点云

3. 纹理增强

纹理增强可以使纹理的细节更加突出，建议勾选，如图 3-29 所示。

图 3-29　纹理增强

"半径"表示纹理增强的作用半径，单位是像素单位，取值范围是 5 ～ 20，推荐 10。

"强度"表示纹理增强的强度，取值范围是 1 ～ 10。

4. 生成点云

所有设置完成后，主视图区的模型将会以点云的形式显示，我们可以调节"亮度"和"对比度"使其达到满意效果，如图 3-30 所示。

图 3-30　调节"亮度"和"对比度"

（六）导出点云

调整完成后，软件下方的一个括号里会显示总点数，如需更高的亮白效果，我们可以勾选"双倍点云"，如图 3-31 所示。

图 3-31　双倍点云

最后我们点击"导出点云"，将点云保存为 dxf 文件格式，如图 3-32 所示。

图 3-32　保存为 dxf 文件格式

149

参考文献

[1] 高帆，毕宪东．典型激光加工设备的应用与维护 [M].武汉：华中科技大学出版社，2019.

[2] 肖海兵．先进激光加工技能实训 [M].武汉：华中科技大学出版社，2019.

[3] 钟正根，肖海兵，陈一峰．先进激光加工技术 [M].武汉：华中科技大学出版社，2019.

[4] 曹凤国．激光加工 [M].北京：化学工业出版社，2015.

[5] 王中林，王绍理．激光加工设备与工艺 [M].武汉：华中科技大学出版社，2011.